第二版

数控铣削
编程与加工

赵 刚 主编

化学工业出版社

·北京·

本书主要针对 FANUC0i 和 SINUMERIK 828D 这两款世界技能大赛数控铣项目指定系统的数控机床铣削加工进行讲解，分为编程与操作基础、加工实例和项目教学 3 个模块。全书理论知识与实践技能并重，实用性强。

本书可供数控机床操作与编程人员学习使用，也可作为职业院校数控相关专业师生组织教学及实训环节时的参考用书。

图书在版编目（CIP）数据

数控铣削编程与加工/赵刚主编. —2 版. —北京：化学工业出版社，2019.2
ISBN 978-7-122-33405-3

Ⅰ.①数⋯　Ⅱ.①赵⋯　Ⅲ.①数控机床-铣床-程序设计-教材②数控机床-铣床-金属切削-加工-教材　Ⅳ.①TG547

中国版本图书馆 CIP 数据核字（2018）第 269145 号

责任编辑：黄　滢	文字编辑：张燕文
责任校对：杜杏然	装帧设计：刘丽华

出版发行：化学工业出版社（北京市东城区青年湖南街 13 号　邮政编码 100011）
印　　装：三河市延风印装有限公司
787mm×1092mm　1/16　印张 12½　字数 322 千字　2019 年 3 月北京第 2 版第 1 次印刷

购书咨询：010-64518888　　　售后服务：010-64518899
网　　址：http://www.cip.com.cn
凡购买本书，如有缺损质量问题，本社销售中心负责调换。

定　　价：49.00 元　　　　　　　　　　　　　　　　　版权所有　违者必究

本书第一版完成于 2007 年，分为编程指令篇、机床加工操作篇和加工实例篇三个模块，主要针对 FANUC 0i 系统数控机床的铣削加工进行讲解，以手工编程为主。

随着时代的发展，2010 年，我国正式加入了世界技能组织，参加了世界技能大赛。对接世界大赛标准，第二版主要针对 FANUC 0i 和 SINUMERIK 828D 这两款世界技能大赛数控铣项目指定系统的数控机床铣削编程加工进行讲解，分为 3 篇，第 1 篇为编程与操作基础、第 2 篇为加工实例、第 3 篇为项目教学，自动编程软件采用 MasterCAM。

本书实用性强，编写过程中力求使理论知识与实践技能并重，书中很多实例均来源于一线教师多年的教学与生产实践。作为教学改革实践，本书新增了项目教学篇，探索教学改革、紧密结合实践是本书的一大特色。

本书可供广大数控机床操作人员与编程人员学习使用，也可作为职业院校数控相关专业师生组织教学及实训环节时的参考用书。

本书由湖南工贸技师学院赵刚任主编，王斌、罗海任副主编，陈夕明、冯涛、谭志明参加了编写，编写过程中得到了学校领导以及兄弟学院相关老师的大力支持和帮助，他们提出了很多宝贵的意见和建议，在此表示衷心的感谢。

由于水平所限，书中不当之处在所难免，恳请广大读者批评指正。

编者

目 录
CONTENTS

第 7 章　FANUC 0i 系统数控铣床操作面板 / 054

第 8 章　数控机床基本操作专项练习 / 060

第 9 章　SINUMERIK 828D 系统数控编程 / 071

第10章　SINUMERIK 828D 系统数控机床操作 / 094

第2篇　加工实例

第11章　数控铣削加工实例 / 107

第 3 篇　项目教学

学习任务 1　三根鲁班锁的制作 / 167

学习任务 2　同心吊坠的制作 / 177

编程加工练习题 / 182

第1篇

编程与操作基础

第1章
数控编程概述

数字控制是由程序中的指令控制系统去执行以往必须由人工操作的所有加工动作。故学习程序编制必须完全了解程序中指令的功能及格式，这样才能将传统人工操作机床设备的加工经验及相关知识，很正常地用指令来描述加工顺序。简而言之，数控铣床（或加工中心）的程序就是依据已具有的加工知识和加工顺序，用正确的指令依序描述组合而成。

特别注意的是，编制数控程序时必须考虑以下几点。

① 依工件形状及尺寸标示决定程序原点位置及加工顺序。

② 工件的夹持方法：用台虎钳夹持或用 T 形槽螺栓、垫板或制作特殊夹具。

② 刀具的选择：包括铣刀的直径、刀刃长度、材质及其他刀具的选用并决定各把刀具的刀号及刀具半径补正地址、长度补正地址。

④ 切削条件：包括各把刀具的主轴转速、切削深度、进给率、精铣预留量等。

1.1 NC 程序简介

1.1.1 NC 程序格式简介

数控程序是由指令组成，而指令是由英文字母与数值（如 N10，G28，G90，G91，M03，F100，S2500，T01 等）或特殊符号（如单节选择性指令"/"、单节结束指令";"等）组成。不同的系统使用的指令和代码的格式是不同的，不能盲目照搬，本章所用指令均按照在我国应用得较为广泛的 FANUC 0i 系统的代码格式为蓝本进行编写。

NC 程序示例：

```
O0001;                          N30  G54;

N10  G28 G91 Z0;                N40  M06 T01;

N20  G28 X0 Y0;                 N50  M03 S1000;
```

```
N60  G90 G00 G43 Z5.H01;          N80  G01 Z-5.F50;
N70  G00 G41 X25.Y30.D11;          N90  M30;
```

示例中每一行称为一个程序段，每一程序段由至少一个程序字（Word）组成，程序字由一个地址符（Address）和数值（Number）组成。每一单节后面加一单节结束符号";"，以界定单节的范围。如此 CNC 控制器即依照程序中的单节指令，依序执行程序。

地址符用英文字母表示，其含义如表 1-1 所示，地址符依照已设定的程序功能而有不同的含义，其目的在于限定其后数字的含义。

表 1-1　地址符的功能及其含义

功　能	地址符	取值范围	含　义
程序号	O	1～9999	程序号
顺序号	N	1～9999	顺序号
准备功能	G	00～99	指定数控功能
尺寸定义	X,Y,Z	±99999.999mm	坐标位置值
	R	±9999.9999mm	圆弧半径,圆角半径
	I,J,K	±9999.9999mm	圆心坐标位置值
进给率	F	1～100000mm/min	进给率
主轴转速	S	1～4000r/min	主轴转速值
选刀	T	0～99	刀具号
辅助功能	M	0～99	辅助功能 M 代码号
刀具偏置号	H,D	1～200	指定刀具偏置号
暂停或指定子程序号	P	0～99999.999ms 或 1～9999	暂停或程序中某功能的开始使用的顺序号
重复次数	L	1～999	调用子程序用
参数	Q	1～9999 或 ±99999.999mm	固定循环终止段号或固定循环中的定距

1.1.2　数据输入格式简介

NC 程序中的每一指令均有一定的固定格式，使用不同的控制器其格式也不同，故必须依据该控制器的指令格式书写指令，若其格式有错误，则程序将不被执行而出现报警信息。

其中，以数值资料输入时应特别小心。一般数控铣床或加工中心均可选择用公制单位"mm"或英制单位"in"为坐标数值的单位。公制可精确到 0.001mm，英制可精确到 0.0001in，这也是一般数控机床的最小移动量。如输入 X1.23456 时，实际输入值是 X1.234mm 或 X1.2345in，多余的数值即被忽略不计。且字也不能太多，一般以 7 个字为限，如输入 X1.2345678，因超过 7 个字，会出现报警信息。故在程序编制时，要确定不超过数控机床规定的实际限制（即不要超过最小脉冲当量），一定要参照数控机床制造厂商给出的说明书。

1.1.3　坐标位置数值的表示方式

数控程序控制刀具移动到某坐标位置，其坐标位置数值的表示方式有以下两种。

（1）用小数点表示法

用小数点表示法即数值的表示用小数点"."明确地标示个位在哪里。例如"X25.36"，其中 5 为个位，故数值大小很明确。

（2）不用小数点表示法

不用小数点表示法是指数值中无小数点，则 CNC 控制器会将此数值乘以最小移动量

（公制 0.001mm，英制 0.0001in）作为输入数值。例如"X25"，CNC 控制器会将 25 × 0.001mm＝0.025mm 作为输入数值。要表示"X25mm"，可输入"X25."或"25000"。一般用小数点表示法较方便，并可节省 CNC 控制器的存储空间，故常被使用。

以下的地址符均可选择使用小数点表示法或不使用小数点表示法：X、Y、Z、I、J、K、F、R 等。但也有一些地址符不允许使用小数点表示法，如 P、Q、D 等。一般均采用小数点表示方式来描述坐标位置数值。在键入数控程序，尤其是坐标数值是整数时，常常会遗漏小数点。例如想要输入"25mm"，但键入"25"，其实际的数值是 0.025mm，相差 1000 倍，可能会发生撞机或大量铣削，要小心谨慎。

1.1.4　选择性执行符"/"

在单节的最前端加一斜线"/"（选择性执行符）时，该单节是否被执行，是由机床操作面板上的单节选择性执行按钮来决定的。当置于"ON"（机床灯亮），则该单节会被忽略而不被执行；当置于"OFF"（灯灭），则该单节会被执行。例如：

```
    N1;                              N2;
    …                               …
    /M00;                            /M00;
```

说明：M00 为暂停指令，选择性执行时，加工中使用便于操作者对工件的尺寸进行测量，控制工件的加工质量。

1.1.5　程序段注释符"（ ）"

为了方便检查、阅读数控程序，在许多数控系统中允许对程序进行注释，注释可以作为对操作者的提示显示在屏幕上，注释对机床动作没有丝毫影响。注释应放在程序号或程序段号的后面，并用"（ ）"括起来，不允许将注释插在地址和数字之间，如以下程序所示：

```
    O0007;
    (PROGRAM NAME-CILUN)
    (DATE-DD-MM-YY-10-06-05 TIME＝HH: MM-20: 54)
    N100 G21 G0 G17 G54 G40 G49 G80 G90;
```

1.2　地址符详解

1.2.1　程序段号地址符 N

数控程序的每一单节之前可以加一顺序号码，以地址符 N 后面加上 1～9999 数字表示。顺序号码与数控程序的加工顺序无关，它只是那一单节的代号，故可任意编号。但最好以由小到大的顺序编写，较符合人们的思维习惯。

使用技巧：为节省存储空间，提高编程效率，每一单节前面无需都书写程序段号，程序段号常跟注释、说明，并不影响加工。例如：

```
      N1；  (FIRST)                      N2；(SECOND)
      G90  G54  G40  G17  G49  G80；      …
      …
```

同时，程序段号也可以作为循环语句的标识。例如：

```
      N1 IF[＃2 LT 1.0] GOTO3            GOTO1；
      ＃1＝＃1＋5.0；                     N3＃2＝＃2-1.0；
      ＃2＝＃2-1.0；
```

使用 CAM 软件时，生成的刀路文件经过后处理，程序段号可以自动生成，自动换行，省去了单节结束指令";"，具体的示例如下：

```
      %                                 N104T1M6
      00000                             N106G0G90G54X-19.305Y-15.6S1200M3
      (PROGRAM NAME-HY10)               N108G43H1260.M8
      (DATE＝DD-MM-YY-27-02-02 TIME＝HH：  N110234.8
      MM-12:50)                         N112G1Z29.8F2.
      ((UNDEFINE)TOOL-1 DIA.OFF.-41 LEN. N114X19.305
      -1 DIA.-10.)                      N116G0250.
      N100G21                           N118X24.248Y-5.2
      N102G0G40G49G80G90
```

1.2.2 主轴功能地址符 S

用代码指定主轴速度，并不会使机床主轴转动，需和 M03、M04 指令配合使用。一个程序段只能包含一个 S 代码，关于 S 代码后的数值位数和 S 代码与运动指令在同一程序段时程序如何执行可参考相关的机床说明书。

直接指定主轴速度值，主轴速度可以直接用地址符 S 后的最多 5 位数值（r/min）指定。指定主轴转速的 5 位数值的单位，取决于机床厂的规定，详细情况见机床制造厂提供的说明书，操作时结合机床操作面板的主轴倍率开关一起使用。

1.2.3 刀具功能地址符 T

在地址符 T 后一般指定 2 位数字用以选择机床上的刀具。在一个程序段中只能指定一个 T 代码。数控铣床无 ATC（自动换刀装置），只能手动换刀，所以 T 功能只用于加工中心，且加工中心并不是在任意位置都可以换刀，要避免与工作台、工件、夹具等发生碰撞，一般是设定在参考点换刀的。例如：

```
      G91 G28 Z0；（Z 轴回归参考点）
      G28 X0 Y0；（X、Y 轴回参考点）
      M06 T03；  （主轴更换第 3 把刀具）
```

1.2.4 进给功能地址符 F

直线插补 G01 及圆弧插补 G02、G03 等的进给速度是用 F 代码后面的数值指令的，主要用如下两种方式指定。

(1) 每分进给（G94）

在地址符 F 之后指定每分钟的刀具进给量，单位为 mm/min，如图 1-1 所示。

(2) 每转进给（G95）

在地址符 F 之后指定主轴每转的刀具进给量，单位为 mm/r。

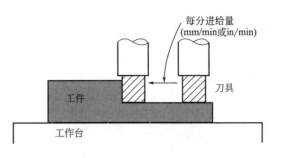

图 1-1　每分进给量示意图

1.2.5　辅助功能地址符 M

辅助功能又称 M 功能，由地址符 M 及其后的两位数字组成。它与数控系统的插补运算无关，是根据加工时机床操作的需要给予规定的工艺性指令。常用的 M 代码及其功能如表 1-2 所示。

表 1-2　常用的 M 代码及其功能

M 代码	功　能	M 代码	功　能
M00	程序停止	M06	刀具交换
M01	条件程序停止	M08	冷却开
M02	程序结束	M09	冷却关
M03	主轴正转	M30	程序结束并返回程序头
M04	主轴反转	M98	调用子程序
M05	主轴停止	M99	子程序结束返回/重复执行

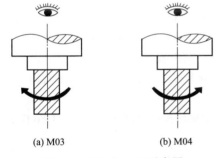

(a) M03　　　　　(b) M04

图 1-2　M03 和 M04 示意图

通常在一个程序段中仅能指定一个 M 代码，对于 M03 和 M04，主轴的正转和反转是从 Z 轴的正向朝负向观察，主轴顺时针转动为 M03，主轴逆时针转动为 M04，具体可参见图 1-2。

1.2.6　准备功能 G 指令

准备功能又称 G 功能，它是建立机床或控制系统工作方式的一种命令，它由地址符 G 及其后的两位数字组成。常用的 G 代码及其功能如表 1-3 所示。

表 1-3　常用的 G 代码及其功能

G 代码	组别	功能	G 代码	组别	功能
★G00	01	定位（快速移动）	G28	00	返回参考点
★G01	01	直线插补（进给速度）	G29	00	从参考点返回
G02	01	顺时针圆弧插补	G30	00	返回第二参考点
G03	01	逆时针圆弧插补	★G40	07	取消刀具半径补偿
G04	00	暂停，精确停止	G41	07	左侧刀具半径补偿
G09	00	精确停止	G42	07	右侧刀具半径补偿
★G17	02	选择 XY 平面	G43	08	刀具长度补偿＋
G18	02	选择 ZX 平面	G44	08	刀具长度补偿－
G19	02	选择 YZ 平面	★G49	08	取消刀具长度补偿
G27	00	返回并检查参考点	G52	00	设置局部坐标系

续表

G 代码	组别	功能	G 代码	组别	功能
G53	00	选择机床坐标系	★G80	09	取消固定循环
★G54	14	选用 1 号工件坐标系	G81	09	钻削固定循环
G55	14	选用 2 号工件坐标系	G82	09	钻削固定循环
G56	14	选用 3 号工件坐标系	G83	09	深孔钻削固定循环
G57	14	选用 4 号工件坐标系	G84	09	攻右旋螺纹固定循环
G58	14	选用 5 号工件坐标系	G85	09	镗削固定循环
G59	14	选用 6 号工件坐标系	G86	09	镗削固定循环
G60	00	单一方向定位	G87	09	反镗削固定循环
G61	15	精确停止方式	G88	09	镗削固定循环
★G64	15	切削方式	G89	09	镗削固定循环
G65	00	宏程序调用	★G90	03	绝对值指令方式
G66	12	模态宏程序调用	G91	03	增量值指令方式
★G67	12	模态宏程序调用取消	G92	00	工件零点设定
G73	09	深孔钻削固定循环	★G98	10	固定循环返回初始平面
G74	09	攻左旋螺纹固定循环	G99	10	固定循环中返回到 R 平面
G76	09	精镗固定循环			

可以看到，G 代码被分为了不同的组，这是由于大多数的 G 代码是模态的。模态 G 代码，是指这些 G 代码不只在当前的程序段中起作用，而且在以后的程序段中一直起作用，直到程序中出现另一个同组的 G 代码为止。同组的模态 G 代码控制同一个目标但起不同的作用，它们之间是不兼容的。

00 组的 G 代码是非模态的，这些 G 代码只在它们所在的程序段中起作用。标有带★号的 G 代码是机床通电时默认的代码。对于 G00 和 G01、G90 和 G91，机床通电时的状态由系统参数决定。如果程序中出现错误的 G 代码，CNC 会显示报警。

同一程序段中可以有几个 G 代码出现，但当两个或两个以上的同组 G 代码出现时，最后出现的一个（同组的）G 代码有效。

在固定循环模态下，任何一个 01 组的 G 代码都将使固定循环模态自动取消，成为 G80 模态。

(1) 快速点定位（G00）

指令格式：G00 IP __；

IP __ 在本书中代表任意不超过三个进给轴地址的组合，当然，每个地址后面都会有一个数字作为赋给该地址的值，一般机床有三个或四个进给轴即 X、Y、Z、A，所以 IP __ 可以代表如 X18. Y179. Z-39. 或 X257.3 Z73.5 A45. 等内容。

G00 这条指令就是使刀具快速移动到 IP __ 指定的位置，被指令的各轴之间的运动是互不相关的，也就是说刀具移动的轨迹不一定是一条直线。其移动速率可由执行操作面板上的"快速进给率"旋钮调整，并非由 F 机能制定。

若 X、Y、Z 轴最快移动速率为 3000mm/min，则"快速进给率"旋钮调整方式如表 1-4 所示。

表 1-4 "快速进给率"旋钮调整方式

序号	旋钮调整倍率	序号	旋钮调整倍率
1	100%，以 3000mm/min 移动	3	25%，以 750mm/min 移动
2	50%，以 1500mm/min 移动	4	0%，此时由参数设定（大多设定为 400mm/min）

只要非切削的移动，通常使用 G00 指令，如由机床原点快速定位至切削起点，切削完成后的 Z 轴退刀及 X、Y 轴的定位等，以节省加工时间。

G00 编程举例：起始点位置为 X10 Y10，执行指令 G00 X40 Y40 将使刀具走出如图 1-3（a）所示的轨迹；如果起始点位置仍为 X10 Y10，执行指令 G00 X40 Y60 将使刀具走出如图 1-3（b）所示的轨迹，这是 CNC 装置插补运算的结果。

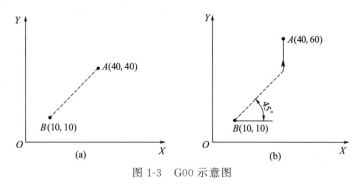

图 1-3　G00 示意图

（2）直线插补（G01）

指令格式：G01 IP ___ F ___；

G01 指令使当前的插补模态成为直线插补模态，刀具从当前位置移动到 IP 指定的位置，其轨迹是一条直线，F 指定了刀具沿直线运动的速度，单位为 mm/min（X、Y、Z 轴）。该指令是最常用的指令之一。

假设当前刀具所在点为 X10 Y10，执行如下程序段：

```
N10   G01 X40 Y40 F100;
N20   X80 Y40;
```

将使刀具走出如图 1-4 所示轨迹。

由上可知，程序段 N20 并没有指令 G01，由于 G01 指令为模态指令，所以 N10 程序段中所指令的 G01 在 N20 程序段中继续有效；同样地，指令 F100 在 N20 段也继续有效，即刀具沿两段直线的运动速度都是 100mm/min。

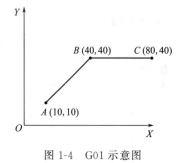

图 1-4　G01 示意图

（3）圆弧插补（G02/G03）

下面所列的指令可以使刀具沿圆弧轨迹运动。

在 XY 平面：

$$G17 \begin{Bmatrix} G02 \\ G03 \end{Bmatrix} X \underline{\quad} Y \underline{\quad} \begin{Bmatrix} R \underline{\quad} \\ I \underline{\quad} J \underline{\quad} \end{Bmatrix} F \underline{\quad};$$

在 ZX 平面：

$$G18 \begin{Bmatrix} G02 \\ G03 \end{Bmatrix} Z \underline{\quad} X \underline{\quad} \begin{Bmatrix} R \underline{\quad} \\ K \underline{\quad} I \underline{\quad} \end{Bmatrix} F \underline{\quad};$$

在 YZ 平面：

$$G19 \begin{Bmatrix} G02 \\ G03 \end{Bmatrix} Y \underline{\quad} Z \underline{\quad} \begin{Bmatrix} R \underline{\quad} \\ J \underline{\quad} K \underline{\quad} \end{Bmatrix} F \underline{\quad};$$

① 平面选择。

G17：指定 XY 平面上的圆弧插补。

G18：指定 ZX 平面上的圆弧插补。

G19：指定 YZ 平面上的圆弧插补。

② 圆弧方向。

G02：顺时针方向的圆弧插补。

G03：逆时针方向的圆弧插补。

这里所讲的圆弧方向，对于 XY 平面来说，是由 Z 轴的正向往 Z 轴的负向看 XY 平面所看到的圆弧方向；同样，对于 ZX 平面或 YZ 平面来说，观测的方向则应该是从 Y 轴或 X 轴的正向到 Y 轴或 X 轴的负向（图 1-5）。

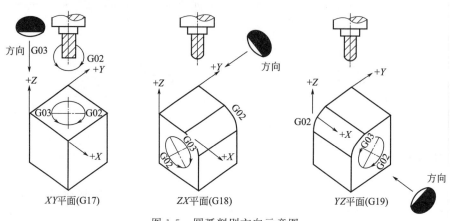

图 1-5　圆弧判别方向示意图

③ 终点位置。

G90 模态：当前工件坐标系中终点位置的坐标值。

G91 模态：从起点到终点的距离（有方向）。

④ 两种不同的编程方式。

方法一　给定终点和向量。

【例 1-1】　编写如图 1-6 所示刀具从 A 点到 B 点的加工程序。

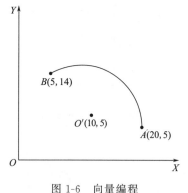

图 1-6　向量编程

```
G17 G03 X5.0 Y14.0 I-10.0 J0 F100;
```

地址符 I、J 后的数据表示的是圆弧起点指向圆心的向量，数值的计算方法是用圆心的坐标减去圆弧起点的坐标差值。

方法二：给定半径和终点。

对一段圆弧进行编程，还可以用给定半径和终点位置的方法，用地址符 R 来给定半径值，替代给定圆心位置的地址。R 的值有正负之分，一个正的 R 值用于一段小于或等于 180°圆弧的编程，一个负的 R 值则用于一段大于或等于 180°圆弧的编程。编程加工一个整圆时，只能使用给定终点和向量的方式。

【例 1-2】　编写如图 1-7 所示刀具从 A 点到 B 点的加工程序。

```
G17 G03 X5.0 Y14.0 R10.0 F80;
```

G17 在机床通电时默认，进给率也可以由自保持功能不写，故以上程序段也可以写为：

```
G03 X5.0 Y14.0 R10.0;
```

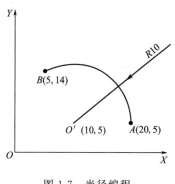

图 1-7 半径编程

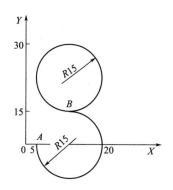

图 1-8 半径和向量编程

【例 1-3】 编写如图 1-8 所示刀具从 A 点到 B 点再沿顺时针方向回到 B 点的加工程序。

```
G3 X10.0 Y15.0 R- 15.0 F240;
G2 I0 J15.0;
```

以上第二个程序段也可以写为:

```
G2 J15.0;
```

(4) 绝对值和增量值编程 (G90 和 G91)

有两种指令刀具运动的方法:绝对值指令和增量值指令。在绝对值指令模态下,指定的是运动终点在当前坐标系中的坐标值;而在增量值指令模态下,指定的则是各轴运动的距离。

G90 和 G91 这对指令被用来选择使用绝对值模态或增量值模态。在同一程序中可以绝对和增量值混合使用,原则是依据工件图上的尺寸的表示,用哪种方式表示方便,则使用哪种。现以图 1-9~图 1-11 说明。

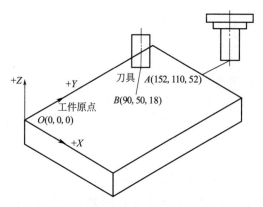

刀具由 A 点到 B 点用绝对值表示:G90 G0 X90.0 Y50.0 Z18.0;

图 1-9 G90 示意图

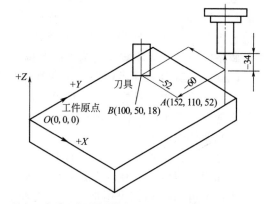

刀具由 A 点到 B 点用增量值表示:G91 G1 X-52.0 Y-60.0 Z-34.0;

图 1-10 G91 示意图

指令格式:G90 X __ Y __ Z __;
　　　　　G91 X __ Y __ Z __;

在使用上,人工编程大都以绝对值和增量值混合使用较多。简而言之,哪种方式不用计算即可得到坐标位置,则以哪种方式表示,这样比较方便。现以图 1-11 进行说明。

设定刀具在 H 点,沿着 A→B→C→D→E→F→G→工件原点→A 点,完成轮廓切削

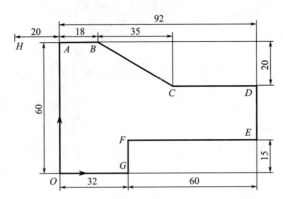

图 1-11　绝对值和增量值的混合使用示意图

的程序如下：

```
G90 G01 X18.F100;(H→B,用绝对值表示较方便)
G91 X35.Y-20.;(B→C,用增量值表示较方便)
G90 X92.;(C→D,用绝对值表示较方便)
Y15.;(D→E,用绝对值表示较方便)
G91 X-60.;(E→F,用增量值表示较方便)
Y-15.;(F→G,用增量值或绝对值表示均方便,但沿用上单节增量指令,可不必再用 G90 设定
为绝对值,故用增量值表示)
X-32.;(G→程序原点,理由同上)
Y60.;(程序原点→A,理由同上)
```

(5) 英制/公制单位选择（G20/G21）

G20：设定程序以 in 为单位，最小数值为 0.0001in。

G21：设定程序以 mm 为单位，最小数值为 0.001mm。

数控铣床或加工中心一开机即自动设定为公制单位（mm），故程序中不需再指定 G21。但若加工以 in 为单位的工件，则于程序的第一单节必须先指定 G20，如此以下所指令的坐标值、进给率、螺纹导程、刀具半径补偿值、刀具长度补偿值、手动脉冲发生器（MPG）手轮每格的单位值等均被设定为英制单位。

G20 或 G21 通常单独使用，不和其他指令一起出现在同一单节，且应位于程序的第一单节。同一程序中，只能使用一种单位，不可公、英制混合使用。刀具补偿值及其他有关数值均需随单位系统改变而重新设定。

(6) 暂停（G04）

指令格式：G04 X __；或 G04 P __；

例如想要暂停 2s，则应写成：G04 X2.0；G04 X2000 或 G04 P2000；

由以上可知 X 后面可用带小数点或者是不用小数点的方式来表示；但 P 后面的数值不可以用带小数点的方式表示。

暂停指令用于下列情况。

① 主轴有高、低速挡切换时，于 M05 指令后，用 G04 指令暂停几秒，使主轴真正停止时再换挡，以避免损伤主轴的伺服电机。

② 孔底加工时暂停几秒，使孔的深度正确及增加孔底面的光洁度。

(7) 设定坐标系（G92，G54～G59，G52，G53）

编写 CNC 程序时必须根据编程坐标系来描述工件轮廓尺寸，此编程坐标系的零点即编程原点。

① G92 指令。指令格式：G92 X ＿ Y ＿；

X、Y 值是指程序原点到刀位点的向量值，在使用时，必须将 X、Y 值表示出来。

② G54～G59 指令。其后不需写 X、Y 值，用于指定机床原点与程序原点的向量值。一般使用 G54～G59 指令后，就不再使用 G92 指令。但如果使用，则原来 G54～G59 设定的程序原点将被 G92 后面的 X、Y 值取代。

③ 注意事项。

a. G54 与 G55～G59 的区别。G54～G59 设置加工坐标系的方法是一样的，但在实际情况下，机床厂家为了用户的不同需要，在使用中有以下区别：利用 G54 设置机床原点的情况下，进行回参考点操作时机床坐标值显示为 G54 的设定值，且符号均为正；利用 G55～G59 设置加工坐标系的情况下，进行回参考点操作时机床坐标值显示零值。

b. G92 与 G54～G59 的区别。G92 指令与 G54～G59 指令都是用于设定工件加工坐标系的，但在使用中是有区别的。G92 指令是通过程序来设定、选用加工坐标系的，它所设定的加工坐标系原点与当前刀具所在的位置有关，这一加工原点在机床坐标系中的位置是随当前刀具位置的不同而改变的。

c. G54～G59 的修改。G54～G59 指令是通过 MDI 在设置参数方式下设定工件加工坐标系的，一旦设定，加工原点在机床坐标系中的位置是不变的，它与刀具的当前位置无关，除非再通过 MDI 方式修改。

④ G52 指令。

局部坐标系指令 G52 用于将原坐标系中分离出数个子坐标系统。

指令格式：G52 X ＿ Y ＿；

X、Y 的定义是原坐标系程序原点到子坐标系程序原点的向量值，G52 X0 Y0 表示回复到原坐标系。

⑤ G53 指令。指令格式：G53 G90 X ＿ Y ＿ Z ＿；

G53 指令使刀具快速定位到机床坐标系中的指定位置上。X、Y、Z 后面的值为机床坐标系中的坐标值，其尺寸均为负值。

【例 1-4】　G53 G90 X-100.0 Y-100.0 Z-20.0；

执行后刀具在机床坐标系中的位置如图 1-12 所示。

⑥ 附加工件坐标系。

除了 6 个工件坐标系（标准工件坐标系）G54～G59 外，还可以使用 48 个附加工件坐标系。

指令格式：G54.1Pn；或 G54Pn；

Pn 指定附加工件坐标系的代码，n 的范围从 1～48。

例如，G90 G17 G40 G54.1 P23 表示调用的是 23 号附加工件坐标系。

(8) 刀具长度补偿（G43、G44、G49）

指令格式：$\begin{Bmatrix} G43 \\ G44 \end{Bmatrix} Z \_\_ H \_\_;$

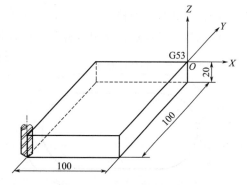

图 1-12　G53 选择机床坐标系

指令欲定位至 Z 轴的坐标位置。H 后为长度补偿号，用 2 位数字表示。例如 H01 表示刀具长度补偿号为 01，01 号的数据 -412.867 表示该刀具的长度补偿值为 -412.867mm。

执行 G43 或 G44 指令时，控制器会到 H 所指定的刀具长度补偿号内提取长度补偿值，作为补偿依据。

G43 或 G44 是模态指令，H 指定的补偿号也是模态的，使用这条指令，编程人员在编写加工程序时就可以不必考虑刀具的长度而只考虑刀尖的位置。刀具磨损或损坏后更换新的刀具时也不需要更改加工程序，可以直接修改刀具补偿值。

G43 指令为刀具长度正补偿，也就是说 Z 轴到达的实际位置为指令值与补偿值相加的位置；G44 指令为刀具长度负补偿，也就是说 Z 轴到达的实际位置为指令值减去补偿值的位置（一般较少使用），如图 1-13 所示。

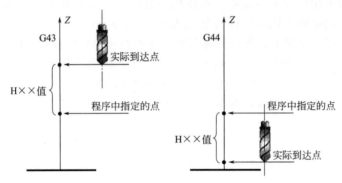

图 1-13　刀具长度补偿示意图

H 的取值范围为 00～200，H00 意味着取消刀具长度补偿。取消刀具长度补偿的另一种方法是使用指令 G49。NC 执行到 G49 指令或 H00 时，立即取消刀具长度补偿，并使 Z 轴运动到不加补偿值的指令位置。补偿值的取值范围是 －999.999～999.999mm 或 －99.9999～99.9999in。

注意事项如下。

① 使用 G43 或 G44 进行长度补偿时，只能是 Z 轴的移动，如果出现其他坐标轴，机床就会出现报警画面。

② 若对刀时没有建立基准刀具，而是通过长度补偿来设定工件坐标系中的 Z 值，即使用指令 G54 时工件坐标系中的 Z 值为 0，则不要使用 G49 取消长度补偿，否则可能引起撞刀。

(9) 刀具半径补偿（G40、G41、G42）

使用数控机床进行铣削编程加工时，使用刀具下表面中心作为刀位点，代替整把刀具进

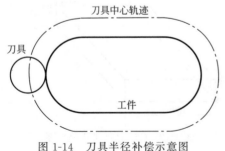

图 1-14　刀具半径补偿示意图

行编程加工。为了编程方便，数控系统使用 G41 或 G42 指令，按照零件实际尺寸编写加工程序，如图 1-14 所示。

指令格式：$\begin{Bmatrix} G00 \\ G01 \end{Bmatrix} \begin{Bmatrix} G41 \\ G42 \end{Bmatrix} X\_\_ Y\_\_ Z\_\_ D\_\_;$

G41：左侧刀具半径补偿，它产生的效果相当于顺铣。

G42：右侧刀具半径补偿，它产生的效果相当于逆铣。

执行该指令，刀具中心就在运动轨迹的法线方向上偏移一个距离，距离的大小通过程序指定。X、Y、Z 三轴中配合平面选择（G17、G18、G19）任两轴。D 后为半径补偿号，以

2 位数表示。例如 D11 表示半径补偿号为 11，11 号的数据是 4.0，表示铣刀半径为 4.0mm。执行 G41 或 G42 指令时，控制器会到 D 所指定的半径补偿号内提取刀具半径补偿值，以作为补偿依据。

在 G41 或 G42 指令中，D 指定了一个补偿号，每个补偿号对应一个补偿值。补偿号的取值范围为 0～200。和长度补偿一样，D00 意味着取消半径补偿，取消半径补偿的另外一种方法是使用 G40，补偿值的取值范围和长度补偿相同。

刀具半径补偿方向判别方法如下：沿着刀具路径，向铣削前进的方向观察，铣刀在工件的右侧，以 G42 指令；反之，以 G41 指令，如图 1-15 所示。

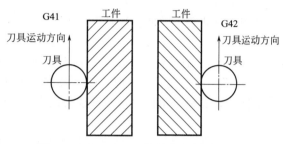

刀具补偿的建立是在该程序段的终点也就是下一个程序段的起点作出一个偏置量，大小等于 D 中指定的数值，方向由 G41/G42 规定。取消刀具补偿是在上一个程序段的终点，也就是本段的起

图 1-15　左、右刀具补偿方向判别示意图

点作出一个偏置量，大小等于 D 中指定的数值，方向由 G41/G42 规定，如图 1-16 所示（刀具开始位置在 X0 Y0 Z0）。

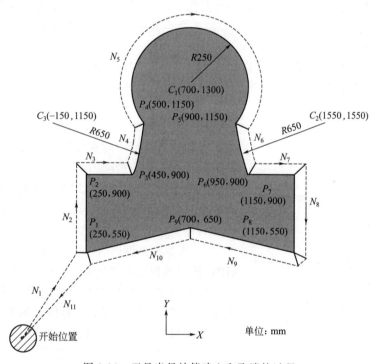

图 1-16　刀具半径补偿建立和取消的过程

N10 G90 G17 G00 G41 D08 X250.0 Y550.0；（开始刀具半径补偿，刀具用 D08 指定的距离偏移到编程轨迹的左边）

N20 G01 Y900.0 F150；（从 P_1 到 P_2 加工）

N30 X450.0；（从 P_2 到 P_3 加工）

N40 G03 X500.0 Y1150.0 R650.0；（从 P_3 到 P_4 加工）

N50 G02 X900.0 R-250.0；（从 P_4 到 P_5 加工）

N60 G03 X950.0 Y900.0 R650.0；（从 P_5 到 P_6 加工）

N70 G01 X1150.0；（从 P_6 到 P_7 加工）

N80 Y550.0；（从 P_7 到 P_8 加工）

N90 X700.0 Y650.0；（从 P_8 到 P_9 加工）

N100 X250.0 Y550.0；（从 P_9 到 P_1 加工）

N110 G00 G40 X0 Y0；（取消偏置方式，刀具返回到开始位置）

使用刀具半径补偿时应注意下列事项。

① 不能和 G02、G03 一起使用，只能与 G00 或 G01 一起使用，且接下来的两个程序单段中不能都是 Z 轴的移动，或者刀具不移动，否则会产生过切。

② 补偿值的正负号改变时，G41 及 G42 的补偿方向会改变。如 G41 指令给予正值时，其补偿向左；若给予负值时，其补偿会向右；G42 同理。故一般键入正值（即铣刀半径值）较合理。

③ 当刀具处于半径补偿状态，若加入 G28、G29、G92 指令，当这些指令被执行时，补偿状态将暂时被取消，但是控制系统仍记忆着此补偿状态，因此在执行下一单节时，又自动恢复补偿状态。

④ 使用 G40 的时机，最好是铣刀已远离工件。

⑤ 在补偿状态下，铣刀的直线移动量及内侧圆弧切削的半径值要大于或等于铣刀半径，否则补偿向量产生干涉，会发生过切，控制器命令停止执行，且显示报警号码。

(10) 参考点（G27、G28、G29）

① G27 返回参考点检查。指令格式：G27 IP ＿；（IP：指定参考点的指令）

G27 指令，刀具快速定位。如果刀具到达参考点返回参考点指示灯亮；如果刀具到达的位置不是参考点则显示报警。

② 返回参考点（G28）。指令格式：G28 IP ＿；（IP：中间点坐标）

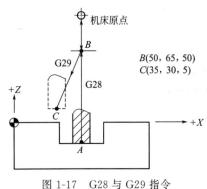

图 1-17 G28 与 G29 指令

各轴快速执行中间点或参考点的定位。为了安全，在执行该指令前应清除刀具半径补偿和刀具长度补偿。中间点的坐标存储在 CNC 中，每次只存储 G28 程序段中指令轴的坐标值，对其他轴用以前指令过的坐标值，具体示例如图 1-17 所示。

③ 从参考点返回（G29）。指令格式：G29 IP ＿；（IP：指定返回点的坐标）

在 G28 指令后立即使用从参考点返回指令，各轴快速经中间点返回指定点，具体示例如图 1-17 所示。

G28 与 G29 指令及其含义如下：

M06 T01；（调 1 号刀）

G90 G28 Z50.；（由 A 点经中间点 B 回到机床原点（Z 轴））

M06 T02；（换 2 号刀）

G29 X35. Y30. Z5.；（2 号刀由机床原点经中间点 B 快速定位至 C 点）

第2章
子程序的调用

加工程序分为主程序和子程序，当刀具需要多次运行一段同样的轨迹时，可将这段轨迹编成子程序存储在机床的程序内存中，每次在程序中需要运行这段轨迹时便可以调用该子程序。一般地，数控系统执行主程序的指令，当执行到一条子程序调用指令时，系统转向执行子程序，在子程序中执行到返回指令时，再回到主程序。

当一个主程序调用一个子程序时，该子程序可以调用另一个子程序，这样的情况，称为子程序的两重嵌套。一般机床可以允许最多达四重的子程序嵌套。在调用子程序时，可以指令重复执行所调用的子程序，指令重复最多达 999 次。

2.1 子程序的格式

子程序格式如下。

O××××；子程序号

…子程序内容

M99；返回主程序

在程序的开始，应该有一个由地址符 O 指定的子程序号，在程序的结尾，返回主程序的指令 M99 是必不可少的。M99 可以不必出现在一个单独的程序段中作为子程序的结尾：

    G90 G00 X0 Y100.0 M99;

在主程序中，调用子程序的程序段应包含如下内容。

M98 ×××××××××；

P 后共有 8 位数字，前 4 位为调用次数，省略时为调用 1 次；后 4 位为调用的子程序号。例如：

    M98 P51002;（调用 1002 号子程序 5 次）
    M98 P1002;（调用 1002 号子程序 1 次）
    M98 P50004;（调用 4 号子程序 5 次）

2.2 执行方法和顺序

子程序调用指令可以和运动指令出现在同一程序段中。例如：

    G90 G00 X-75. Y50. Z53. M98 P40035;

该程序段指令快速定位到指令位置，然后调用执行 4 次 35 号子程序。

包含子程序调用的主程序，程序执行顺序如下：

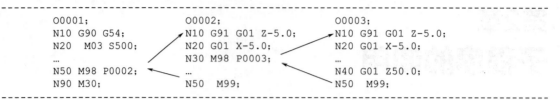

```
O0001;              O0002;                  O0003;
N10 G90 G54;        N10 G91 G01 Z-5.0;      N10 G91 G01 Z-5.0;
N20  M03 S500;      N20 G01 X-5.0;          N20 G01 X-5.0;
…                   N30 M98 P0003;          …
N50 M98 P0002;      …                       N40 G01 Z50.0;
N90 M30;            N50  M99;               N50  M99;
```

和其他 M 代码不同，M98 和 M99 执行时，不向机床侧发送信号。当数控系统找不到地址符 P 指定的程序号时，发出报警。子程序调用指令 M98 不能在 MDI 方式下执行，如果需要单独执行一个子程序，可以在程序编辑方式下编辑如下程序，并在自动运行方式下执行。

×××× ；

M98 P×××× ；

M02（或 M30）；

在 M99 返回主程序指令中，可以用地址符 P 来指定一个顺序号，当这样的一个 M99 指令在子程序中被执行时，返回主程序后并不是执行紧接着调用子程序的程序段后的那个程序段，而是转向执行具有地址符 P 指定的顺序号的那个程序段。例如：

```
主程序                          子程序

N10 …;                          O1010;

N20 …;                          N1020 …;

N30 M98 P1010;                  N1030 …;

N40 …;                          N1040 …;

N50 …;                          N1050 …;

N60 …;                          N1060 …;

N70 …;                          N1070 M99 P60;
```

这种主-子程序的执行方式只有在程序内存中的程序能够使用。如果 M99 指令出现在主程序中，执行到 M99 指令时，将返回程序头，重复执行该程序。这种情况下，如果 M99 指令中出现位址符 P，则执行该指令。

【例 2-1】 在 120mm×120mm×23mm 的 45 钢材料上，使用 ϕ18mm 的高速钢立铣刀加工如图 2-1 所示的方形台阶，取零件上表面的中心为工件原点，编写加工程序。

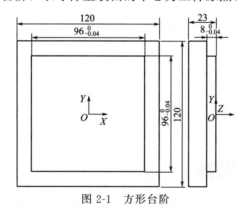

图 2-1 方形台阶

主程序

```
O7;

N10 G54 G17 G90 G80 G40 G49;（建立工件坐标系，加工状态初始化）
```

N20 M03 S560；（主轴启动）

N25 G00 X-80.0 Y-80.0；（快速定位到毛坯外面一点）

N30 Z50.0；（Z 方向降刀）

N40 Z0；

N50 M98 P20008；（调用 2 次 8 号子程序铣削加工外形轮廓）

N60 G90 G00 Z150.0；（抬刀）

N70 M05；（主轴停）

N80 M30；（程序结束）

子程序

O8；

N10 G91 G01 Z-4.0 F300；（刀具深度方向每次切深 4mm）

N20 G90 G41 G01 X-48.0 D01 F120；（建立刀具半径补偿）

N30 Y48.0；（切削加工）

N40 X48.0；（切削加工）

N50 Y-48.0；（切削加工）

N60 X-80.0；（切削加工）

N70 G40 G00 X-80.0；（取消刀具半径补偿）

N80 M99；（子程序返回）

【例 2-2】　在 2A12 铝合金材料上使用 φ8mm 的键槽铣刀加工如图 2-2 所示的字母 "N"，每个字母的深度为 2mm，工件上表面的左下角点为工件原点，编写加工程序。

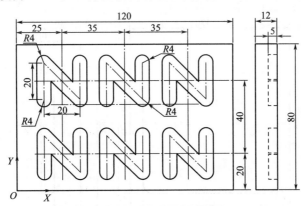

图 2-2　字母 "N" 形凹槽

主程序

O10；

N10 G54 G17 G90 G80 G40 G49；（建立工件坐标系，加工状态初始化）

N20 M03 S720；（主轴启动）

N25 G00 X15.0 Y50.0；（快速定位到第一个字母 "N" 的左下角角点）

N30 Z40.0；（Z 方向降刀）

N40 Z2.0；

N50 M98 P20；（调 20 号子程序加工字母 "N"）

N60 G90 G00 X50.0 Y50.0；（快速定位到第二个字母 "N" 的左下角角点）

N70 M98 P20；（调 20 号子程序加工字母 "N"）

N80 G90 G00 X85.0 Y50.0；（快速定位到第三个字母 "N" 的左下角角点）

N90 M98 P20；（调 20 号子程序加工字母"N"）

N100 G90 G00 X 15.0Y10.0；（快速定位到第四个字母"N"的左下角角点）

N110 M98 P20；（调 20 号子程序加工字母"N"）

N120 G90 G00 X50.0 Y10.0；（快速定位到第五个字母"N"的左下角角点）

N130 M98 P20；（调 20 号子程序加工字母"N"）

N140 G90 G00 X85.0 Y10.0；（快速定位到第六个字母"N"的左下角角点）

N150 M98 P20；（调 20 号子程序加工字母"N"）

N160 G90 G00 Z40.0；（抬刀）

N170 M05；（主轴停）

N180 M30；（程序结束）

子程序

O20；

N10 G91 G01 Z-4.0 F30；（刀具深度方向切深 2mm）

N20 G01 Y20.0 F150；（切削加工）

N30 G01 X 20.0 Y-20.0；（切削加工）

N40 G01 Y20.0；（切削加工）

N50 G00 Z4.0；（刀具抬高）

N60 M99；（子程序返回）

【**例 2-3**】　在 120mm×120mm×30mm 的 45 钢材料上，使用合金立铣刀加工如图 2-3 所示带过渡圆角的台阶，取零件上表面的中心为工件原点，编写加工程序。

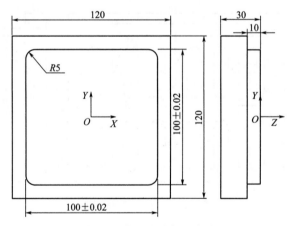

图 2-3　带过渡圆角的台阶

主程序

O0001；

G91 G28 Z0；（机床返回参考点）

G28 X0 Y0；

T01 M06；（调用 φ10mm 的立铣刀）

G90 G54 G17 G80 G40；（机床加工状态初始化）

M3 S3200；（主轴启动）

G0 X0 Y-80.；（刀具在水平方向定位到毛坯外一点）

G43 Z50. H1；（降刀）

Z0；

M98 P100002；（调用 10 次 2 号子程序）

G0 Z150.；

M5；

M30；

子程序

O0002；

G91 G1 Z-1.0 F200；（每次下刀 1mm）

D01；（刀具半径补偿 13.0mm）

M98 P3；（调用 3 号子程序完成外形轮廓加工）

D02；（刀具半径补偿 5.0mm）

M98 P3；

M99；（子程序返回）

子程序

O0003；

G90 G1 G42 X-30.；（建立刀具半径补偿）

G2 X0 Y-50. R30.；（圆弧切入工件）

G1 X45.；

G3 X50. Y-45. R5.；

G1 Y45.；

G3X45. Y50. R5.；

G1 X-45.；

G3 X-50. Y45. R5.；

G1 Y-45.；

G3 X-45. Y-50. R5.；

G1 X0；

G2 X30. Y-80. R30.；（圆弧切出工件）

G40 G1 X0；（取消刀具半径补偿）

M99；（子程序返回）

第3章
孔加工固定循环指令

3.1 常用孔加工固定循环指令

3.1.1 指令简介

应用孔加工固定循环功能，使其他方法需要几个程序段完成的功能在一个程序段内完成。表 3-1 中列出了孔加工固定循环指令。

表 3-1 孔加工固定循环指令

G 代码	加工运动（Z 轴负向）	孔底动作	返回运动	应　用
G73	分次，切削进给	—	快速定位进给	高速深孔钻削
G74	切削进给	暂停—主轴正转	切削进给	攻左旋螺纹
G76	切削进给	主轴定向，让刀	快速定位进给	精镗循环
G80	—	—	—	取消固定循环
G81	切削进给	—	快速定位进给	普通钻削循环
G82	切削进给	暂停	快速定位进给	钻削或粗镗削
G83	分次，切削进给	—	快速定位进给	深孔钻削循环
G84	切削进给	暂停—主轴反转	切削进给	攻右旋螺纹
G85	切削进给	—	切削进给	镗削循环
G86	切削进给	主轴停	快速定位进给	镗削循环
G87	切削进给	主轴正转	快速定位进给	反镗削循环
G88	切削进给	暂停—主轴停	手动	镗削循环
G89	切削进给	暂停	切削进给	镗削循环

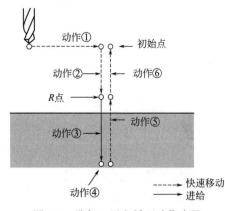

图 3-1　孔加工固定循环动作步骤

一般地，一个孔加工固定循环完成以下 6 步操作（图 3-1）。

① X、Y 轴快速定位。

② Z 轴快速定位到 R 点。

③ 孔加工。

④ 孔底动作。

⑤ Z 轴返回 R 点。

⑥ Z 轴快速返回初始点。

各固定循环使用下列符号：

‑ ‑ ‑ ‑ ‑ ‑ →　：定位(快速移动G00)。

——→　：切削进给(直线插补G01)。

～～→　：手动进给。

(OSS)　：主轴定向停止(主轴停止在固定的旋转位置)。

⇨　：偏移(快速移动G00)。

P　：暂停。

对孔加工固定循环指令的执行有影响的指令主要有 G90/G91 及 G98/G99 指令。图 3-2 示意了 G90/G91 对孔加工固定循环指令的影响。

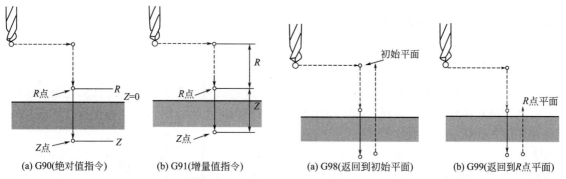

| (a) G90(绝对值指令) | (b) G91(增量值指令) | (a) G98(返回到初始平面) | (b) G99(返回到R点平面) |

图 3-2　G90/G91 对孔加工固定循环指令的影响示意图　　图 3-3　G98/G99 对固定循环指令执行的影响示意图

G98/G99 决定固定循环在孔加工完成后返回 R 点还是初始点，G98 模态下，孔加工完成后 Z 轴返回初始点；在 G99 模态下则返回 R 点，如图 3-3 所示。

一般地，如果被加工的孔在一个平整的平面上，可以使用 G99 指令，因为 G99 模态下返回 R 点进行下一个孔的定位，而一般编程中 R 点非常靠近工件表面，这样可以缩短零件加工时间；但如果工件表面有高于被加工孔的凸台或筋时，使用 G99 时很有可能使刀具和工件发生碰撞，这时，就应该使用 G98，使 Z 轴返回初始点后再进行下一个孔的定位，这样就比较安全。

3.1.2　指令详解

在 G73/G74/G76/G81～G89 后面给出孔加工参数，格式如下：

G××X＿Y＿Z＿R＿Q＿P＿F＿K＿；

孔加工固定循环指令参数及其含义如表 3-2 所示。

表 3-2　孔加工固定循环指令参数及其含义

被加工孔位置参数 X、Y	以增量值方式或绝对值方式指定被加工孔的位置,刀具向被加工孔运动的轨迹和速度与 G00 的相同
孔加工参数 Z	在绝对值方式下指定沿 Z 轴方向孔底的位置,增量值方式下指定从 R 点到孔底的距离
孔加工参数 R	在绝对值方式下指定沿 Z 轴方向 R 点的位置,增量值方式下指定从初始点到 R 点的距离
孔加工参数 Q	指定深孔钻循环 G73 和 G83 中的每次进刀量,精镗循环 G76 和反镗削循环 G87 中的偏移量(无论 G90 或 G91 模态,总是增量值指令)
孔加工参数 P	孔底动作有暂停的固定循环中指定暂停时间,单位为 s
孔加工参数 F	指定固定循环中的切削进给速率,在固定循环中,从初始点到 R 点及从 R 点到初始点的运动以快速进给的速率进行,从 R 点到 Z 点的运动以 F 指定的切削进给速率进行,而从 Z 点返回 R 点的运动则根据固定循环的不同可能以 F 指定的速率或快速进给速率进行
重复次数 K	指定固定循环在当前定位点的重复次数,如果不指令 K,NC 认为 K＝1,如果指令 K0,则固定循环在当前点不执行

由 G×× 指定的孔加工方式是模态的，如果不改变当前的孔加工方式模态或取消固定循环，孔加工模态会一直保持下去。使用 G80 或 01 组的 G 指令可以取消固定循环。孔加工参数也是模态的，在被改变或固定循环被取消之前也会一直保持，即使孔加工模态被改变。可以在指令一个固定循环时或执行固定循环中的任何时候指定或改变任何一个孔加工参数。

重复次数 K 不是一个模态的值，它只在需要重复时给出。进给率 F 则是一个模态的值，即使固定循环取消后它仍然会保持。如果正在执行固定循环的过程中数控系统被复位，则孔加工模态、孔加工参数及重复次数 K 均被取消。

3.2 钻削循环指令（G81 和 G82）

3.2.1 指令格式

钻孔循环（点钻循环）G81 用作正常钻孔切削进给执行到孔底，然后刀具从孔底快速移动退回；钻孔循环（锪镗循环）G82 用作正常钻孔切削进给执行到孔底，执行暂停然后刀具从孔底快速移动退回（图 3-4）。

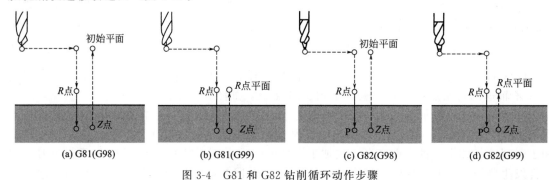

图 3-4　G81 和 G82 钻削循环动作步骤

指令格式：G81 X ＿ Y ＿ Z ＿ R ＿ F ＿；
　　　　　G82 X ＿ Y ＿ Z ＿ R ＿ P ＿ F ＿；

3.2.2 加工实例

【例 3-1】　加工图 3-5 所示垫板，材料为 45 钢，硬度为 $200\sim250HB$，装夹时需用垫铁和台虎钳，取上表面的中心作为工件原点，为了减小因机床反向间隙引起的误差，采用图 3-6 所示的刀具路径。

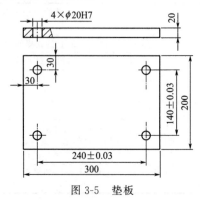

图 3-5　垫板

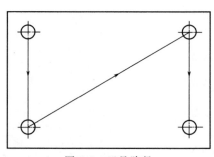

图 3-6　刀具路径

加工程序如下：

```
O0081;
G91 G28 Z0;（刀具返回参考点换刀）
G28 X0 Y0;
T01 M06;（φ19.8 的钻头）
G90 G54 M3 S420;（设定加工初始状态）
G00 X-120.0 Y70.0;
G43 Z100.0 H01;（调 1 号刀长度补偿值）
M98 P1081;（调用子程序）
M05;
G91 G28 Z0;
G91 G28 X0 Y0;
T02 M06;（换 φ20 的铰刀）
G90 M3 S520;
G00 X-120.0 Y70.0;
G43 Z100.0 H02;（调 2 号刀长度补偿值）
```

```
M98 P1081;
M05;（设定加工结束状态）
G91 G28 Z0;
G28 X0 Y0;
M30;
O1081;
G98 G81 Z-24.0 R5.0 F30;（采用一般钻
孔加工，刀具加工完毕后返回初始高度，同
时该指令也可用于铰孔）
Y-70.0;
X120.0 Y70.0;
Y-70.0;
G0 Z100.0;（G0 也可以像 G80 一样取代
G81）
M99;
```

3.3　钻削深孔指令（G73 和 G83）

高速深孔钻循环指令 G73 钻孔执行间歇切削进给直到孔的底部，同时从孔中排除切屑。排屑钻孔循环指令 G83 钻孔执行间歇切削进给到孔的底部，钻孔过程中从孔中排除切屑（图 3-7）。

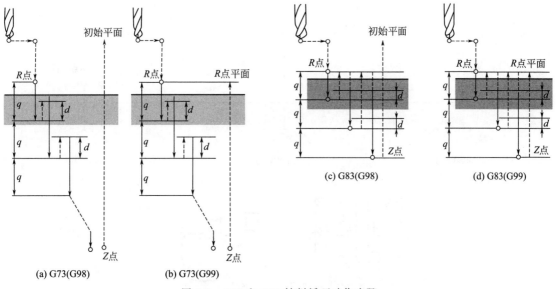

图 3-7　G73 和 G83 钻削循环动作步骤

指令格式：G73 X __ Y __ Z __ R __ Q __ F __;
　　　　　G83 X __ Y __ Z __ R __ Q __ F __;

深孔的界定：孔的深度大于 3 倍孔的直径。但从便于排屑的角度考虑，有时孔的深度并没有达到深孔要求，也采用深孔加工指令。

3.4 镗削循环指令（G76、G85、G87 和 G89）

精镗循环 G76 用于镗削精密孔。当到达孔底时，主轴停止，切削刀具离开工件的被加工表面并返回。

镗孔循环 G85 用于镗孔，也可用于精度较高的铰孔。

镗孔循环 G89 用于镗孔。

反向精镗循环 G87 用于镗削精密孔。当接近孔时，主轴停止，水平方向反向移动，再降刀到孔底，水平方向定位到加工位置，刀具反向镗削离开工件的被加工表面并返回。注意，该指令不能使用 G99。

镗削循环指令动作步骤如图 3-8 所示。

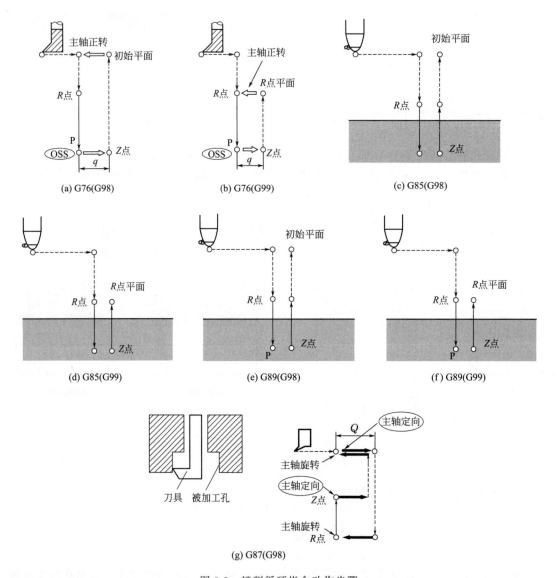

图 3-8　镗削循环指令动作步骤

指令格式：G76 X＿ Y＿ Z＿ R＿ Q＿ P＿ F＿；

G85 X＿ Y＿ Z＿ R＿ F＿；

G89 X＿ Y＿ Z＿ R＿ P＿ F＿；

G87 X＿ Y＿ Z＿ R＿ Q＿ P＿ F＿；

G85 镗孔时工进切入，工进退出；使用 G81 也可以镗孔，但是退刀时会在孔的表面留下划痕；G76 精镗孔指令利用准停功能，镗刀到达孔底后会在水平方向先移动，再退刀，可以很好地保证孔的表面质量。

3.5 攻螺纹固定循环指令（G74 和 G84）

3.5.1 指令格式

攻左旋螺纹循环 G74 执行左旋攻螺纹。主轴反转，在攻左旋攻螺纹循环中，到达孔底时，主轴顺时针旋转退回到 R 点，主轴恢复反转，完成攻螺纹动作。

攻右旋螺纹循环 G84 执行右旋攻螺纹。主轴正转，在攻右旋攻螺纹循环中，到达孔底时，主轴逆时针旋转退回到 R 点，主轴恢复正转，完成攻螺纹动作。

攻螺纹固定循环 G74 和 G84 的动作步骤如图 3-9 所示。

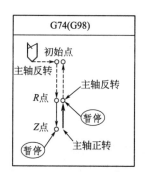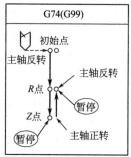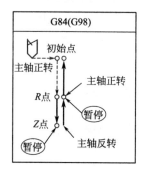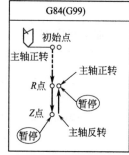

图 3-9 攻螺纹固定循环 G74 和 G84 的动作步骤

指令格式：G74 X＿ Y＿ Z＿ R＿ P＿ F＿；

G84 X＿ Y＿ Z＿ R＿ P＿ F＿；

攻螺纹时进给量 F 根据不同的进给模式指定。当采用 G94（每分钟进给）模式时，进给量 F 为导程×转速。当采用 G95（每转进给）模式时，进给量 F 为导程。另外，在 G74 与 G84 攻螺纹期间，进给倍率、进给保持均被忽略。

3.5.2 加工实例

【例 3-2】 图 3-10 所示零件需要加工 4 个 M8 的螺纹孔，攻螺纹是通过丝锥实现的，编写螺纹加工程序。

工艺分析：M8 的螺纹，导程为 1mm，计算出小径为 6.7mm，用 ϕ6.5 的钻头钻孔，再用 M8 的盲孔丝锥（向上排屑）攻螺纹，工件原点设在工件上表面的中心。

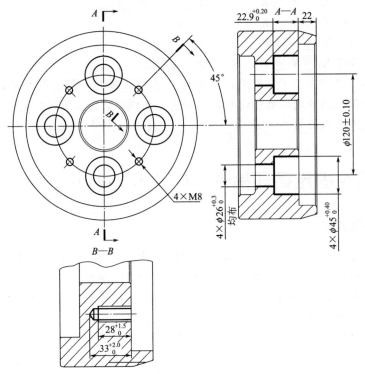

图 3-10 攻螺纹

加工程序如下：

```
O3；
G17 G40 G54 G94 G80 G49 G90；（加工状
态初始化）
G91 G28 Z0；（返回参考点换刀）
G28 X0 Y0；
T01 M6；
G90 G0 X0 Y0；
G43 Z100.0 H01；
G16；（设定极坐标）
G99 G73 X60.0 Y45.0 Z-33.0 R3.0 Q4.0
F30；（深孔钻削）
Y135.0；
Y225.0；
Y315.0；
G15；（取消极坐标）
G0 Z120.；（抬刀）
M5；
```

```
G91 G28 Z0；
G28 X0 Y0；
T02 M6；（调用丝锥）
G90 G0 X0 Y0；
M3 S180；（攻螺纹时主轴转速较低）
G43 Z100.0 H02；（调用长度补偿）
G16；
G99 G84 X60.0 Y45.0 Z-28.0 R3.0
F180；（攻右旋螺纹，其中 F 为 1.0×180）
Y135.0；
Y225.0；
Y315.0；
G15；
G0 Z120.；（抬刀）
M5；
M30；（程序结束）
```

　　本例的难点是工件材料硬度较高，钻夹头不能与工件侧壁发生干涉，刀具需要保证足够的长度与刚性，在攻螺纹过程中丝锥才不会折断。

第4章
铣削编程中的实用功能

4.1 极坐标（G15 和 G16）的使用

4.1.1 指令格式

（G17）G16 X __ Y __ Z __；

G16：设定极坐标，X 表示极轴的长度，Y 表示极轴的角度，Z 轴无影响。

G15：取消极坐标设定。

编程时的坐标值除了用直角坐标输入外也可以用极坐标输入；角度的正向是所选平面的第 1 轴正向的逆时针转向，而负向是顺时针转向；极轴的长度和角度可用绝对值指令或增量值指令 G90、G91。

4.1.2 程序示例

用绝对值指令角度：

```
N1 G17 G90 G16；（指定极坐标指令，选择 XY 平面）
N2 G81 X100.0 Y30.0 Z-20.0 R-5.0 F200.0；（指定 100mm 的长度和 30°的角度）
N3 Y150.0；（指定 100mm 的长度和 150°的角度）
N4 Y270.0；（指定 100mm 的长度和 270°的角度）
N5 G15 G80；（取消极坐标指令）
```

用增量值指令角度：

```
N1 G17 G90 G16；（指定极坐标指令，选择 XY 平面）
N2 G81 X100.0 Y30.0 Z-20.0 R-5.0 F200.0；（指定 100mm 的长度和 30°的角度）
N3 G91 Y120.0；（指定 100mm 的长度和＋120°的角度增量）
N4 Y120.0；（指定 100mm 的长度和＋120°的角度增量）
N5 G15 G80；（取消极坐标指令）
```

【例 4-1】 用 ϕ18mm 的四刃立铣刀加工图 4-1 所示的深度为 5mm 的槽，编写加工程序。

```
O9；
G90 G54 M3 S360；（调用坐标系，设定主轴转速）
G0 X0 Y0；（水平方向定位）
G43 Z100. H1；（竖直方向定位）
Z2.；（竖直方向降刀）
```

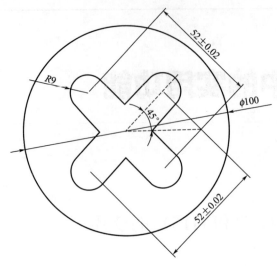

图 4-1　槽铣削（一）

G1 Z-5. F40；（进刀）

G16 G1 X26. Y45. F120；（调极坐标）

G0 X0 Y0；（返回）

G1 X26. Y135.；

G0 X0 Y0；

G1 X26. Y225.；

G0 X0 Y0；

G1 X-45. Y26.；

G0 X0 Y0；

G15；（取消极坐标）

G0 Z150.；（退刀）

M30；（关断冷却液，主轴停转，程序光标返回开头）

【例 4-2】　如图 4-2 所示，在 $\phi 100\text{mm} \times 30\text{mm}$ 的毛坯中心铣削高 10mm 的正六边形（外接圆直径为 90mm），刀具为 $\phi 20\text{mm}$ 的立铣刀，编写加工程序。

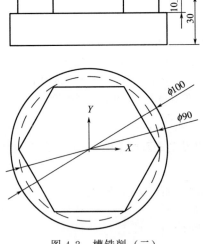

图 4-2　槽铣削（二）

```
O10;                               Y120.;
G90 G54 G17 G40 G80;（加工状态初始化）    Y60.;
G0 X-70. Y-70.;（刀具水平方向定位到      Y0;
毛坯外一点）                          Y300.;
Z50.;（刀具Z方向上降刀）              Y240.;
Z2.;                               G15;（取消极坐标编程）
Z-10.;                             G40 G1 X-70. Y-70.;（取消半径补偿）
G16;（建立极坐标编程）                 G0 Z150.;（提刀）
G41 G1 X45. Y240. D01 F80;（建立刀具   M5;（停主轴）
半径补偿）                            M30;（程序结束）
Y180.;
```

4.2　坐标系旋转指令（G68 和 G69）

4.2.1　指令格式

G68 X __ Y __ R __ ;

G68：设定坐标系旋转，X、Y 指定旋转中心，R 为旋转角度，逆时针为正值。

G69：取消坐标系旋转。

X、Y 可以是 X、Y、Z 中的任意两个，它们由当前平面选择指令 G17~G19 中的一个确定。当 X、Y 省略时，G68 指令默认为当前的位置即为旋转中心。

当程序在绝对坐标编程方式下时，G68 程序段后的第一个程序段必须使用绝对方式移动指令，才能确定旋转中心。如果这一程序段为增量方式移动指令，那么系统将以当前位置为旋转中心，按 G68 给定的角度旋转坐标系，如图 4-3 所示。

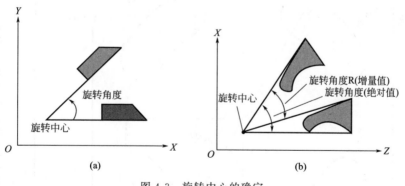

图 4-3　旋转中心的确定

4.2.2　程序示例

【例 4-3】　用 ϕ4mm 的键槽刀加工图 4-4 所示外形轮廓，槽深为 3mm，两槽中心间隔 30mm，编写加工程序。

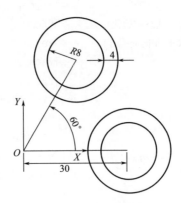

图 4-4　外形轮廓加工

O3；

G90 G54 M3 S800；（调用坐标系，设定主

轴转速）

G0 X20. Y0；

G43 Z100. H1；

Z2. ；

G1 Z-3. F20；（进刀）

G2 I10. F100；（全圆铣削）

G0 Z2. ；（提刀）

G68 X0 Y0 R60. ；（调用坐标系旋转）

G0 X20. Y0；（水平方向定位）

G1 Z-3. F20；

G2 I10. F100；

G69；（取消坐标系旋转）

G0 Z100. ；（退刀）

M30；

【例 4-4】　用 ϕ12mm 的四刃立铣刀加工图 4-5 所示的 4 个腰形槽，编写加工程序。

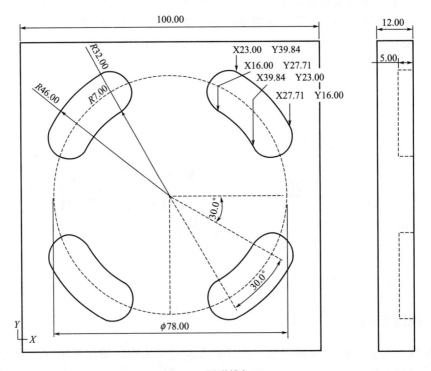

图 4-5　腰形槽加工

```
O00001;                              O00002;
G90 G54 M3 S560;                     G0 X19.5 Y33.77;［此点为点（23.00，
G0 X0 Y0;（水平方向定位）            39.84）和点（16.00，27.71）的中点］
G43 G0 Z100. H01;                    G1 Z0 F50;
Z5.;（降刀）                          G2 X33.77 Y19.5 Z-5. R39. F80;（螺旋
M98 P2;（调用子程序加工第一个腰形    降刀）
槽）                                  G42 G1 X39.84 Y23. D01 F200;
G68 X0 Y0 R90.;（调用坐标系旋转）    G2 X27.71 Y16. R7.;
M98 P2;（加工第二个腰形槽）          G3 X16. Y27.71 R32.;
G68 X0 Y0 R180.;                     G2 X23. Y39.84 R7.;
M98 P2;（加工第三个腰形槽）          G2 X39.84 Y23. R46.;
G68 X0 Y0 R270.;                     G40 G1 X33.77 Y19.5;
M98 P2;（加工第四个腰形槽）          G3 X19.5 Y33.77 R39.;
G69;                                 G0 Z5.;（退刀）
G0 Z120.;                            M99;（子程序返回）
M30;
```

4.2.3　注意事项

利用旋转指令也能进行镜像加工，但前提是加工部分必须对称。

4.3　可编程镜像（G51.1 和 G50.1）

4.3.1　指令格式

用可编程镜像指令 G50.1、G51.1 可实现图形关于坐标轴的对称加工，具体的指令格式如图 4-6 所示。

它的作用可以使执行此指令后的 X、Y 坐标值关于坐标轴或原点对称，但指令本身并不会使机床或者刀具发生移动。

G51.1 IP __;（设置可编程镜像）

…（根据 G51.1 IP __ 指定的对称轴生成在这些程序段中指定的镜像）

G50.1 IP __;（取消可编程镜像）

IP __：用 G51.1 指定镜像的对称点（位置）和对称轴；用 G50.1 指定镜像的对称轴，不指定对称点。

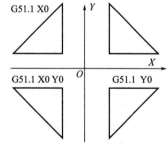

图 4-6　可编程镜像指令示意图

4.3.2　程序示例

【例 4-5】　用 φ4mm 的键槽刀加工图 4-7 所示外形轮廓，槽深 3mm，编写加工程序。

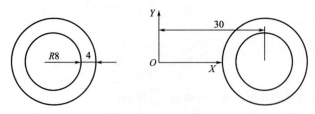

图 4-7　外形轮廓加工

```
O5;
G90 G54 M3 S800;（调用坐标系，设定主
轴转速）
G0 X20. Y0;
G43 Z100. H1;
Z2.;
G1 Z-3. F20;（下刀）
G2 I10. F120;（铣削全圆）
```

```
G0 Z2.;
G51.1 X0;（调用镜像）
G0 X20. Y0;
G1 Z-3. F20;
G2 I10. F120;
G50.1 X0;（取消镜像）
G0 Z100.;
M30;
```

【**例 4-6**】　用 ϕ12mm 的四刃立铣刀加工图 4-8 所示的 4 个深 5mm 的腰形槽，编写加工程序。

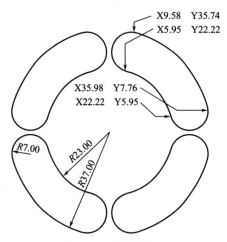

图 4-8　腰形槽加工

```
O0001;
G90 G54 M3 S560;（调用坐标系，设定主
轴转速）
G0 X0 Y0;（水平方向定位）
G43 G0 Z100. H01;
Z5.;（降刀）
M98 P2;
G51.1 X0;
M98 P2;（调用子程序）
G51.1 Y0;（调用镜像）
```

```
M98 P2;（加工第二个腰形槽）
G50.1 X0;
M98 P2;
G50.1 Y0;
G0 Z120.;
M30;

O0002;（加工单个腰形槽）
G0 X7.77 Y28.98;　［此点为点（9.58，
35.74）与点（5.95，22.22）的中点］
```

```
G1 Z0 F50；                          G2 X35.98 Y7.76 R37.；
G2 X28.98 Y7.77 Z-5. R30. F80；      G40 G1 X28.98 Y7.77；（取消刀补）
G42 G1 X35.98 Y7.76 D01 F200；       G3 X7.77 Y28.98 R30.；
G2 X22.22 Y5.95 R7.；                G0 Z5.；（抬刀）
G3 X5.95 Y22.22 R23.；               M99；
G2 X9.58 Y35.74 R7.；
```

4.3.3　说明

一个轴上的镜像在指定平面对某个轴镜像时使下列指令发生变化：G02 和 G03 被互换；
G41 和 G42 被互换。

4.4　比例缩放（G50 和 G51）

4.4.1　指令格式

比例缩放是指编程的形状被放大和缩小（比例缩放），用 X、Y 和 Z 指定的尺寸可以放
大和缩小相同或不同的比例，比例可以在程序中指定，如图 4-9 所示。

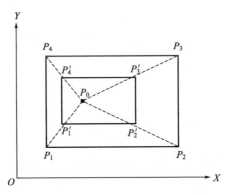

图 4-9　比例缩放示意图

(1) 各轴按相同比例编程
编程格式：G51 X ＿ Y ＿ Z ＿ P ＿；
　　　　　　…
　　　　　　G50；

X、Y、Z 为比例中心坐标（绝对方式）；P 为比例系数，范围为 0.001～999.999。该指
令以后的移动指令，从比例中心点开始，实际移动量为原数值的 P 倍，P 值对偏移量无
影响。

例如，在图 4-9 中，$P_1 \sim P_4$ 为原编程图形，$P_1' \sim P_4'$ 为比例编程后的图形，P_0 为比例
中心。

(2) 各轴按不同比例编程
各轴可以按不同比例来缩小或放大，当给定的比例系数为 −1 时，可获得镜像加工
功能。

编程格式：G51 X＿Y＿Z＿I＿J＿K＿；

    ...

    G50；

X、Y、Z 为比例中心坐标；I、J、K 为对应 X、Y、Z 轴的比例系数，在 ±0.001～ ±9.999 范围内。本系统设定 I、J、K 不能带小数点，比例为 1 时，应输入 1000，并在程序中都应输入，不能省略。比例系数与图形的关系如图 4-10 所示。其中，b/a 为 X 轴系数，d/c 为 Y 轴系数，O 为比例中心。

在实际加工过程中，比例缩放为不常用指令，基本上很少用到。

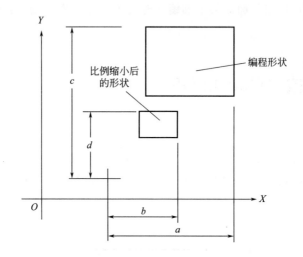

图 4-10 比例系数与图形的关系

4.4.2 说明

如果比例系数设置负值则成为镜像，通常可以用它来取代 G51.1 和 G50.1（图 4-11）。

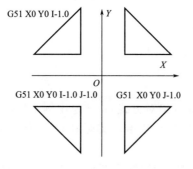

图 4-11 比例系数设为负值

4.4.3　程序示例

【例 4-7】　用 φ4mm 的键槽刀加工图 4-12 所示的外形轮廓，槽深为 3mm，编写加工程序。

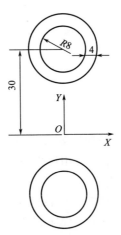

图 4-12　外形轮廓加工

O6;

G90 G54 M3 S800;（调用坐标系，设定主轴转速）

G0 X0 Y20.;（水平方向定位）

G43 Z100. H1;

Z2.;

G1 Z-3. F20;

G2 J10. F120;（铣削全圆）

G0 Z2.;

G51 X0 Y0 J-1.0;（调用镜像）

G0 X0 Y20.;

G1 Z-3. F20;

G2 J10. F120;

G50;（取消镜像）

G0 Z100.;

M30;

第5章
用户宏程序简介

5.1 宏程序的概念

反复进行同一切削动作时，使用子程序效果较好，但若使用宏程序，可以使用运算指令、条件循环等功能，便于编制更简单、通用性更强的程序，并与子程序一样，在加工程序中用简单的命令就可以调用用户宏程序。

在 FANUC 系统中，包含变量、转向、比较判别等功能的指令称为宏指令，包含有宏指令的子程序称为宏程序。下面举例说明宏程序的概念。

现有一批零件需要加工。毛坯的尺寸为 $80mm \times 60mm \times 30mm$，要求切出一个长、宽分别为 5mm，深 5mm 的台阶，如图 5-1 所示，编写加工程序。

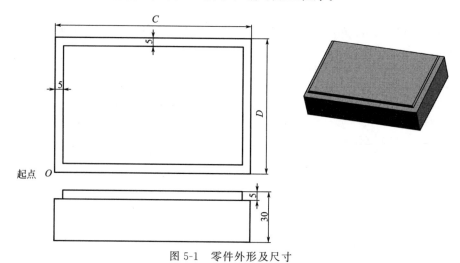

图 5-1 零件外形及尺寸

经分析，可以写出如下的加工程序（取毛坯上表面的左下角点为工件原点）：

```
O0051;
G90 G54；（设定加工初始状态）
M3 S540；
M08；
G0 X-15.0 Y-15.0 Z100.0；（X-15.0 Y-15.0
为初始点坐标）
G1 Z2.0 F500;
Z-5.0；（到达切削层深度）

G41 X5.0 D01 F120；（加入刀具的半径补偿）
Y55.0;
X75.0;
Y5.0;
X0;
G40 X-15.0 Y-15.0；（取消刀具半径补偿）
G0 Z180.；
M30；（程序结束）
```

若水平方向去除的材料长度为 a，竖直方向去除的材料宽度为 b，则上面的程序将会变为如下形式：

```
O0051;                              Y（60.0-b）;
G90 G54;（设定加工初始状态）          X（80.0-a）;
M3 S540;                            Yb;
M08;                               X-15.0;
G0 X-15.0 Y-15.0 Z100.0;           G40 Y-15.0;（取消刀具半径补偿）
G1 Z2.0 F500;                      G0 Z180.;
Z-5.0;（到达切削层深度）             M30;（程序结束）
G41 Xa D01 F120;（加入刀具的半径补偿）
```

此时可以将其中的变量 a、b 用宏程序中的变量 ♯ i 对应为 ♯1、♯2，则程序即可写成如下形式：

```
O5;（主程序）                        Z-5.0;
G90 G54 M3 S540;                    G41 X♯1 D01 F120;
M08;                               Y [60.0-♯2];
G65 P52 A5.0 B5.0;                 X [80.0-♯1];
M05;                               Y♯2;
M30;                               X-15.0;
                                   G40 Y-15.0;
O52;（宏程序）                       G0 Z180.;
G0 X-15.0 Y-15.0 Z100.0;           M99;
G1 Z2.0 F500;
```

宏程序是由用户编写的专用程序，它类似于子程序，可用规定的指令作为代号，以便调用。宏程序可使用变量，可用变量执行相应操作，实际变量值可由宏程序指令赋给变量。

5.2　宏程序的赋值

宏程序的赋值的方法有两种。

① G65 调用赋值。

格式：G65　P（程序号）〈引数赋值〉;

例如：G65 P7001 A10.B10.C25.D20.;

P 后面的数值表示的是调用的宏主体程序的编号，A、B、C、D 都是引数，用来对数控编程语言里面专门的变量（♯＋数字）进行赋值。

② 自变量直接赋值。

如上例，如果采用直接赋值的方式，则程序就变成了如下形式：

```
O52;                                G1 Z2.0 F500;
G90 G54 M3 S540;                    Z-5.0;
M08;                               G41 X♯1 D01 F120;
♯1＝5.0;                            Y [60.0-♯2];
♯2＝5.0;                            X [80.0-♯1];
G0 X-15.0 Y-15.0 Z100.0;           Y♯2;
```

```
X-15.0;                              G0 Z180.;
G40 Y-15.0;                          M30;
```

这样就相当于是对 120mm×80mm×30mm 的毛坯加工台阶，若毛坯的形状改变了，只需要重新赋值就可以了，而无需改变加工程序。

引数和变量一一对应，不能任意赋值，常用的引数赋值地址和变量的对应关系如表 5-1 所示。

表 5-1　常用的引数赋值地址和变量的对应关系

引数赋值地址	宏主体中的变量	引数赋值地址	宏主体中的变量
A	#1	K	#6
B	#2	X	#24
C	#3	Y	#25
D	#7	Z	#26
E	#8	U	#21
F	#9	V	#22
I	#4	W	#23
J	#5		

5.3　宏程序中的变量

普通加工程序直接用数值指定 G 代码和移动距离，如 G01 和 X100.0。使用用户宏程序时数值可以直接指定或用变量指定，如 #1＝#2＋100，G01 X#1 F300；而变量根据变量号可以分成四种类型，如表 5-2 所示。

表 5-2　变量类型及其功能

变量号	变量类型	功　能
#0	空变量	该变量总是空,没有值能赋给该变量
#1～#33	局部变量	只能用在宏程序中存储数据,如运算结果。当断电时,局部变量被初始化为空。调用宏程序时,自变量对局部变量赋值
#100～#199 #500～#999	公共变量	在不同的宏程序中的意义相同。当断电时,变量#100～#199 初始化为空,变量#500～#999 的数据保存
#1000～	系统变量	用于读和写 CNC 运行时各种数据的变化,例如刀具的当前位置和补偿值

5.4　运算符与表达式

5.4.1　算术运算符

＋，－，＊，／

① 变量的定义和替换。

#i＝#j

② 加减运算。

$\#i = \#j + \#k$　　　　（加）

$\#i = \#j - \#k$　　　　（减）

③ 乘除运算。

$\#i = \#j * \#k$　　　　（乘）

$\#i = \#j / \#k$　　　　（除）

④ 函数运算。

$\#i = SIN[\#j]$　　　[正弦函数（单位为度）]

$\#i = COS[\#j]$　　　[余函数（单位为度）]

$\#i = TAN[\#j]$　　　[正切函数（单位为度）]

$\#i = ATAN[\#j] / \#k$　　[反正切函数（单位为度）]

$\#i = SQRT[\#j]$　　　[平方根]

$\#i = ABS[\#j]$　　　[取绝对值]

5.4.2　条件运算符

$EQ(=)$，$NE(\neq)$，$GT(>)$

$GE(\geqslant)$，$LT(<)$，$LE(\leqslant)$

5.4.3　逻辑运算符

AND，OR，NOT

5.4.4　函数

SIN，COS，TAN（正切），ATAN（反正切），SQRT（开方），EXP（指数）

5.4.5　表达式

用运算符连接起来的常数、宏变量构成表达式。例如：$175/SQRT[2] * COS[55 * PI/180]$；$\#3 * 6GT14$；$\#2 = COS[[[\#1 + \#2] * \#9 - \#8]/\#7]$。运算的优先级为函数运算、乘除运算、加减运算，当变更运算的优先级时使用括号，包含函数的括号在内，最多可以用到 5 重，超过 5 重时则出现报警。

5.5　循环控制语句

(1) 循环语句（WHILE）

格式：WHILE[条件表达式] DOm；（$m = 1$，2，3）

　　　…

　　　ENDm；

当条件表达式的条件满足时，执行 WHILE 到 END 当中的程序段，否则转到下一条执行，

DO 和 END 后的 m 数值是指定执行范围的识别号，可以使用 1、2、3，非 1、2、3 时报警。

（2）条件判别语句（IF 与 GOTO）

格式：IF［条件表达式］GOTOn；

其中 n 为程序段号，条件成立时转到 n 段处执行，条件不成立时顺序执行。

5.6 宏程序的分类

用户宏程序可以分为 A、B 两类。

（1）A 类用户宏程序

格式：G65　H ＿ P ＿ Q ＿ R ＿；

G65：调用变量。

H：宏程序功能，01～99。

P：运算结果。

Q：被操作第一变量名。

R：被操作第二变量名。

例如 G65　H02 就是对被操作第一变量名和被操作第二变量名求和后存入 P 中；G65 H03 就是对被操作第一变量名和被操作第二变量名求差后存入 P 中。

当程序功能为加法运算时：

程序　P♯100 Q♯101 R♯102…；　含义为♯100＝♯101＋♯102；

程序　P♯100 Q-♯101 R♯102…；　含义为♯100＝－♯101＋♯102；

程序　P♯100 Q♯101 R15…；　含义为♯100＝♯101＋15。

由于 A 类用户宏程序功能较多，包含了如表 5-3 所示的算术运算、表 5-4 所示的逻辑等指令，需要大量记忆，对初学者来说，学起来费时费力，不如 B 类用户宏程序易学易用，故本书重点讲述 B 类用户宏程序。

表 5-3　宏功能指令（算术运算指令部分）及其定义

G 码	H 码	功　能	定　义
G65	H01	定义,替换	$\#i=\#j$
G65	H02	加	$\#i=\#j+\#k$
G65	H03	减	$\#i=\#j-\#k$
G65	H04	乘	$\#i=\#j*\#k$
G65	H05	除	$\#i=\#j/\#k$
G65	H21	平方根	$\#i=\sqrt{\#j}$
G65	H22	绝对值	$\#i=|\#j|$
G65	H23	求余	$\#i=\#j-trunc(\#j/\#k)*\#k$ trunc:丢弃小于 1 的分数部分
G65	H24	BCD 码→二进制码	$\#i=BIN(\#j)$
G65	H25	二进制码→BCD 码	$\#i=BCD(\#j)$
G65	H26	复合乘/除	$\#i=(\#i*\#j)/\#k$
G65	H27	复合平方根 1	$\#i=\sqrt{\#j^2+\#k^2}$
G65	H28	复合平方根 2	$\#i=\sqrt{\#j^2-\#k^2}$

表 5-4　宏功能指令（逻辑运算指令部分）及其定义

G 码	H 码	功　能	定　义
G65	H80	无条件转移	GOTOn
G65	H81	条件转移 1	IF$\#j=\#k$,GOTOn
G65	H82	条件转移 2	IF$\#j\neq\#k$,GOTOn
G65	H83	条件转移 3	IF$\#j>\#k$,GOTOn
G65	H84	条件转移 4	IF$\#j<\#k$,GOTOn

（2）B 类用户宏程序

和 A 类用户宏程序的区别在于没有宏程序功能，而是通过算术和逻辑运算进行赋值。同一运算分别用 A、B 两类用户宏程序实现的程序段如下。

A 类：　G65　H02　P$\#1$　Q$\#2$　R$\#3$；

B 类：　$\#1=\#2+\#3$；

它们形式虽然不一样，但是最后的作用都是实现了 $\#1=\#2+\#3$ 的运算，只是 B 类用户宏程序更接近使用习惯，因此 B 类用户宏程序更常用一些。下面通过具体的加工实例说明宏程序的应用。

5.7　宏程序编程示例

【例 5-1】　有如下两个程序段：

程序段一

$\#1=0$；

$\#2=100.0$；

WHILE[$\#1$LT4] DO1；

$\#1=\#1+1$；

$\#2=\#2+10.0$；

END1；

程序段二

$\#1=3.0$；

$\#2=4.0$；

N1 IF[$\#2$LT1] GOTO3；

$\#1=\#1+5.0$；

$\#2=\#2-1.0$；

GOTO1；

N3 $\#2=\#2-1.0$；

$\#3=\#3+3.0$；

执行后 $\#1$、$\#2$ 的数值分别为多少？

【例 5-2】　用 $\phi12$mm 的立铣刀铣削加工图 5-2(a) 所示的椭圆，深度为 2mm，编写加工程序。

① 建立数学模型。

椭圆的方程为

$$\frac{x^2}{a^2}+\frac{y^2}{b^2}=1$$

其参数方程为

$$x=a\cos\theta,\ y=b\sin\theta$$

② 加工路线分析。

以铣刀下表面中心为编程的刀位点，不采用半径补偿，靠铣刀的直径保证槽的宽度；加工深度较小，采用立铣刀直接下刀。

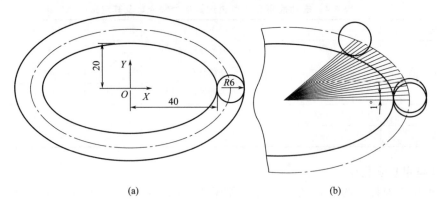

(a)　　　　　　　　　　　　(b)

图 5-2　椭圆铣削加工

由于数控系统只能实现直线和圆弧插补,故考虑采用很多条直线段来逼近椭圆的外形轮廓,只要逼近的直线段足够多,便可以保证椭圆的轮廓外形,如图 5-2(b) 所示。

③ 数控编程。

编程时使用刀具中心、椭圆中心与 X 正向的夹角为变量,变化的范围为 0°~360°,采用参数方程编写如下数控程序段。

```
O1;                                    WHILE［＃1LE360.0］DO1;
G90 G55 M3 S800;                       #2＝［#2＋#5］*COS［#1］;（计算椭
G0 X46. Y0;                            圆的X 坐标）
G43 Z50. H1;                           #3＝［#2＋#6］*SIN［#1］;（计算椭
Z2.;                                   圆的Y 坐标）
G1 Z-2.0 F30;                          G1 X#2 Y#3 F180;
#1＝0;（设定角度变量初始值为 0）        #1＝#1＋1.0;
#2＝6.0;（设定刀具半径）                END1;
#5＝40.0;（设定椭圆长半轴）             G0 Z150.0;
#6＝20.0;（设定椭圆短半轴）             M30;
```

【例 5-3】　某箱体上有图 5-3 所示的内螺纹,材料为 45 钢,采用螺纹铣刀进行铣削,编程加工。

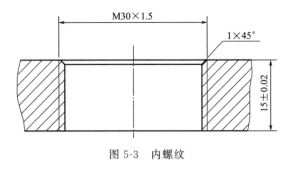

图 5-3　内螺纹

图 5-4　单刃机夹螺纹铣刀

① 加工路线分析。

单刃机夹螺纹铣刀,结构像内螺纹车刀,如图 5-4 所示,只有一个螺纹加工齿,一个螺旋运动可加工相同齿形、任意螺距的螺纹。采用单刃机夹螺纹铣刀螺旋式下刀,从上往下铣削,或者螺纹铣刀首先降到孔的底部,螺旋式提刀,从下往上切削,铣削出内螺纹。

② 螺纹相关尺寸计算。

螺纹底孔标准公式为 $d = D - 1.0825P$（D 为公称直径；P 为螺距），经验公式为 $d = D - P$（塑性材料，如 45 钢、铝），$d = D - 1.1P$（脆性材料）。采用经验公式计算出螺纹的底孔为 $\phi 28.5\text{mm}$。

③ 铣削一个螺距螺纹，编程刀具路线示意图如图 5-5 所示。

圆弧插补指令：

G17 G02 X __ Y __ I __ J __ F __；

螺纹的单个螺距铣削编程：

G17 G02 X __ Y __ Z __ I __ J __ F __；

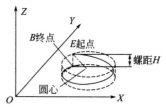

图 5-5　铣削螺纹刀具路线示意图

④ 底孔加工到位后，螺纹精加工程序如下。

方法一（刀具从上往下铣削）	方法二（刀具从下往上铣削）
O1； G90 G54 M3 S1200； G0 X0 Y0； G43 Z100.0 H01； Z2.0； G42 G1 X-15.0 Y0 D01 F120；（D01 中存放的为螺纹铣刀的半径） ♯1=2.0；（设定初始高度为变量） WHILE[♯1GE-19.0] DO1； ♯1=♯1-1.5；（设定每次下降一个螺距） G2 Z♯1 I15.0；（螺旋式切削） END1； G40 G1 X0 Y0； G0 Z150.0； M30；	O2； G90 G55 M3 S1200； G0 X0 Y0； G43 Z100.0 H01； Z0； G1 Z-19.0 F120； G41 G1 X-15.0 Y0 D01 F120；（D01 中存放的为螺纹铣刀的半径） ♯1=-19.0；（设定初始高度为变量） WHILE[♯1LE2.0] DO1； ♯1=♯1+1.5；（设定每次升高一个螺距） G3 Z♯1 I15.0；（螺旋式切削） END1； G40 G1 X0 Y0； G0 Z150.0； M30；

【例 5-4】 加工图 5-6 所示的内螺纹，毛坯为 $100\text{mm} \times 100\text{mm} \times 15\text{mm}$ 铝块，中心孔尺寸为 $\phi 39\text{mm}$，加工设备为 FANUC 0i 系统立式加工中心，平口钳装夹，使用单刃螺纹铣刀（回转半径为 13.5mm）、45°倒角刀、镗刀进行加工。

① 相关尺寸计算。

螺纹的铣削底孔标准公式为 $d = D - 1.0825P$（D 为公称直径；P 为螺距）；经验公式为 $d = D - P$（塑性材料，如 45 钢和铝），$d = D - 1.1P$（脆性材料）。计算出底孔（小径）为 $\phi 40.376\text{mm}$，单边加工余量为 $(42 - 40.376)/2 = 0.812\text{mm}$。

② 加工路线分析。

使用 T1 号 45°倒角刀倒 45°角，使用 T2 号镗刀镗底孔到 40.376mm，使用 T3 号单刃螺纹铣刀铣螺纹。

螺纹加工分三次加工：第一次粗加工如图 5-7 所示，加工余量为 0.512mm；第二次半精加工如图 5-8 所示，加工余量为 0.20mm；第三次精加工如图 5-9 所示，加工余量为 0.10mm。

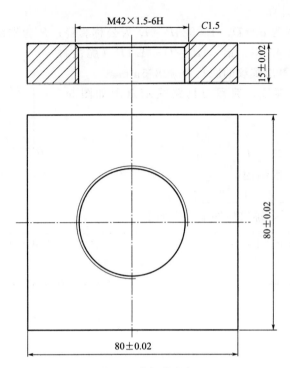

图 5-6　内螺纹垫板

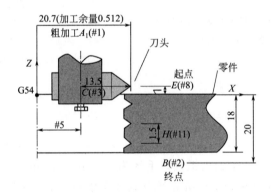

图 5-7　螺纹粗加工

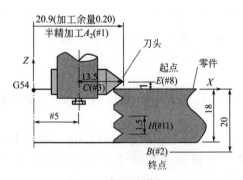

图 5-8　螺纹半精加工

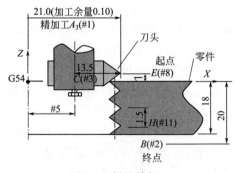

图 5-9　螺纹精加工

螺纹加工程序如下。

```
...
N210 G65 P6602 A20.7 B-20 C13.5 E1.0 F1.5；（粗加工）
N220 G65 P6602 A20.9 B-20 C13.5 E1.0 F1.5；（半精加工）
N230 G65 P6602 A21.0 B-20 C13.5 E1.0 F1.5；（精加工）
...

O 6602；
N10 ＃5＝＃1-＃3；
N20 G01 X＃5 F400；
N30 Z[＃8＋1]；
N40 G01 Z＃8 F200；
N50 WHILE[＃8 GT ＃2] DO1；
N60 ＃8＝＃8-＃9；
N70 G02 I-＃5 Z＃8 F400；
N80 END 1；
N90 G01 X[＃5-3]；
N100 G00 Z30；
N110 M99；
```

在螺纹铣削的过程中，编程使用螺旋插补，螺纹的旋向由螺旋插补的方向决定，螺纹铣刀从上往下加工，顺时针铣削加工右旋螺纹，逆时针铣削加工左旋螺纹，螺旋插补指令中 Z 为螺距。

【例 5-5】 用 ϕ18mm 的硬质合金立铣刀铣削图 5-10 所示凸台（材料为 45 钢，硬度为 36HRC），编写加工程序。

格式：IF[条件语句] THEN 表达式；

说明：当 IF 后的条件语句满足时，THEN 后的表达式成立。

分析：$a_p=0.6$mm，$f=1500$m/min，$n=800$r/min。

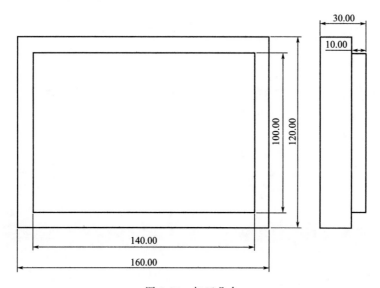

图 5-10　加工凸台

数控程序如下。

```
O1;                                    G1 Z♯1 F1500;
G90 G54 G40 G17 M3 S800;               G41 G1 X-70. D01;
G0 X-100. Y-80. ;                      Y50. ;
G43 Z20. H01;                          X70. ;
Z0;                                    Y-50. ;
♯1＝0;（设定铣削深度作为变量）          X-100. ;
WHILE［♯1GT-10.0］DO1;                  G40 G0 Y-80. ;
    ♯1＝♯1-0.6;（设定自变量，每次下刀   END1;
0.6mm）                                G0 Z150. ;
    IF［♯1LE-10.0］THEN♯1＝-10.0;       M30;
```

若设定两个变量♯1和♯2，♯1作为铣削深度变量，♯2作为铣削最后深度的判别值，那么利用同一个程序稍作修改就可以完成"划痕"操作和"精加工"，如程序O2。

"划痕"操作就是利用刀具在工件表面铣削很浅的痕迹（如0.2mm或0.5mm），用于观察刀具的轨迹是否正确，这种方法常在手工编程的数控竞赛中使用。

```
O2;                                    IF［♯1LE♯2］THEN♯1＝♯2;
G90 G54 G40 G17 M3 S800;               G1 Z♯1 F1500;
G0 X-100. Y-80. ;                      G41 G1 X-70. D01;
G43 Z20. H01;                          Y50. ;
Z0;                                    X70. ;
♯1＝0;（设定铣削深度作为变量）          Y-50. ;
♯2＝-10.0;（设定最终切削深度作为判      X-100. ;
别值）                                 G40 G0 Y-80. ;
WHILE［♯1GT♯2］DO1;                     END1;
    ♯1＝♯1-0.6;（设定自变量，每次下刀   G0 Z150. ;
0.6mm）                                M30;
```

第6章
数控铣削加工必备工艺知识

6.1 数控铣床的坐标系与关键点

6.1.1 坐标轴和运动方向的命名原则

① 标准的坐标系是一个右手直角笛卡儿坐标系，如图 6-1 所示。

② 假定刀具相对于静止的工件运动，当工件运动时，则应在坐标系符号上加 "′" 表示。

③ 刀具远离工件运动的方向为坐标轴的正向。

④ 旋转坐标轴的正向按右手螺旋法则确定。

右手螺旋法则：用右手的四个手指握住直角坐标轴，拇指的指向为直角坐标系的正向，剩下的四个手指所表示的方向就是选择坐标轴的正向。X、Y、Z 三个直角坐标轴对应的旋转坐标分别是 A、B、C，如图 6-2 所示。

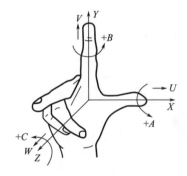

图 6-1 右手直角笛卡儿坐标系

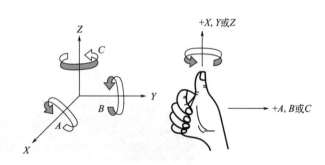

图 6-2 右手螺旋法则

6.1.2 坐标轴的规定

① Z 轴的规定：一般规定传递切削动力的主轴为 Z 坐标轴；没有主轴的机床，则规定 Z 轴垂直于工件的装夹方向。

② X 轴的规定：一般规定 X 轴是水平的，平行于工件的装夹面；对于工件旋转的机床，X 轴的方向在工件的径向上（也就是直径的方向），并平行于横滑座。

③ Y 轴的确定：在确定出 Z 轴和 X 轴的基础上，用右手笛卡儿坐标系进行判断。立式

数控铣床的机床坐标系如图 6-3 所示。

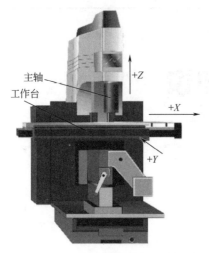

图 6-3　立式数控铣床的机床坐标系

6.1.3　机床坐标系与工件坐标系

① 机床坐标系：在数控机床上，机床的动作是由数控装置来控制的，为了确定数控机床上的成形运动和辅助运动，必须先确定机床上运动的位移和运动的方向，这就需要通过坐标系来实现，这个坐标系称为机床坐标系。

② 工件坐标系：由编程人员设定的在编程和加工时使用的坐标系称为工件坐标系，也称编程坐标系，位置基本上不和机床坐标系重合，为了便于编程可任意指定。

6.1.4　数控机床的关键点

① 机床原点：是机床在出厂时由厂家设定的一固定的物理位置点，即机床坐标系的原点。它在机床装配、调试时就已确定下来，是数控机床进行加工运动的基准参考点，一般设在机床移动部件沿其坐标轴正向的极限位置。

② 工件原点：也称程序原点，是人为设定的工件坐标系的原点。设定原则是尽量简化编程，如车削编程通常是设在工件右端面的中心，铣削编程通常是设在工件上表面的中心，机床坐标系原点与工件坐标系原点之间的关系如图 6-4 所示。

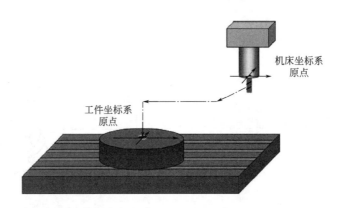

图 6-4　机床坐标系原点与工件坐标系原点之间的关系

③ 参考点：是厂家在机床上用行程开关设置的一个物理位置，与机床原点的相对位置是固定的。一般来说，加工中心的参考点设在机床的自动换刀位置，与机床原点并不重合，而数控铣床的参考点与机床原点多数情况下都是重合的。

④ 对刀点：也就是工件原点。

⑤ 刀位点：用于表示刀具特征的点。编程时通常用这一点来代替刀具，而不需要考虑刀具的实际大小形状，如图 6-5 所示，无论是平底立铣刀、R 刀或者球头刀都是以刀具下表面的中心作为刀位点，车刀的刀位点为车刀刀尖。

•刀位点　　•刀位点　　•刀位点　　•刀位点

图 6-5　常见刀具的刀位点

6.2　铣削用量

在铣削加工中，切削用量一般由切削速度 v_c、进给率 f、切削深度 a_p 和切削层宽度 a_e 四要素组成。这四个要素的选择是机加工中非常重要的一个环节，不恰当的切削用量不仅不能发挥数控机床的优势，而且有可能损坏刀具，缩短机床正常加工的寿命。

合理的切削用量选择的原则是：粗加工时，要以提高生产率为主，但同时要考虑到经济性和加工成本；对于半精加工和精加工，应首先保证加工质量，同时兼顾切削效率、经济性和加工成本。具体应考虑以下几项。

6.2.1　切削速度 v_c

切削速度是切削过程中主运动的线速度，与刀具耐用度的关系比较密切。随着切削速度的增大，刀具耐用度急剧下降，故切削速度的选择主要取决于刀具耐用度。另外，切削速度与加工材料也有很多关系。例如，用立铣刀铣削模具钢时，v_c 可采用 120m/min 左右；而同样的立铣刀铣削铝合金时，v_c 选 800m/min 以上。对于每一种具体的刀具材料与被切削材料，均有一个最佳的 v_c 值，该值通常由刀具厂商提供。

切削速度的计算公式为

$$v_c = \frac{\pi D n}{1000}$$

常用刀具直径 D 和切削速度 v_c 确定机床主轴的转速：

$$n = \frac{1000 v_c}{\pi D}$$

6.2.2　进给率 F

进给率应根据零件的加工精度和表面粗糙度以及刀具和工件的材料来选择，进给率的增加也可以提高生产效率。加工表面粗糙度要求较低时，进给率可以选大一些。在加工过程中，进给率也可以通过操作面板上的修调开关人工调整，但是最大进给率受设备刚度和进给系统性能等的限制。

进给率的计算公式为

$$F = f_z Z n$$

式中　　F——进给率，mm/min；

　　　　f_z——每齿进给量，mm/齿；

　　　　Z——切削刀具刃数；

　　　　n——主轴转速，r/min。

6.2.3　切削深度 a_p

在机床、工件和刀具刚度允许的情况下，切削深度就等于加工余量，这是提高生产率的一个有效措施。为了保证零件的加工精度和表面粗糙度，一般应留一定的余量进行精加工。

提高 v_c 是提高生产率的一个措施，但 v_c 的提高必须考虑到刀具的耐用度。当 v_c 的提高受到限制，而主轴功率还有较大富裕，同时刀具刚性较好的情况下，可以增大切削深度以提高生产率。

6.2.4　切削宽度（步距）a_e

一般的切削宽度与刀具直径 D 成正比，与切削深度成反比，其取值范围为 $a_e=(0.1\sim0.75)D$。

随着现代刀具材料的发展、自动编程技术的应用，特别是高速切削技术的应用，相应的切削速度越来越快，主轴转速越来越高（一般加工时主轴转速都达到了每分钟几千转甚至几万转，进给速度达也到了每分钟几米），而背吃刀量（切削深度）相应较小，只有零点几毫米。当然，这主要依赖于高速切削刀具技术的应用，高速切削一般都采用硬质合金刀具、涂层刀具、聚晶立方氮化硼（CBN）陶瓷刀具等。这就与传统的加工工艺和方法有较大的区别，本书加工实例篇中用到的很多是高速钢刀具，故切削速度较小而背吃刀量较大。

6.3　编程中的常用工艺路线

6.3.1　Z轴方向上的编程设定

在数控加工过程中，刀具在 Z 方向上发生撞击将严重损伤主轴，为了保障加工安全，在加工工艺上通常设定图 6-6 所示的安全高度。

① 安全面：编程时为了避免撞主轴而人为设定的一个表面，同时也要考虑到刀具横越工件时不要发生碰撞，一般比工件上表面高 50mm 或 100mm。

② 参考面：也就是常说的 R 点平面，设定的目的是为了快进（G00）和工进（G01）的转换，一般比工件的上表面高 2~5mm。FANUC 系统中对孔加工的循环指令，都设定了此表面。

③ 安全高度：安全面到工件上表面的距离。

④ 参考高度：参考面到工件上表面的距离。在许多自动编程软件中都有此设定，如图 6-7 所示，安全高

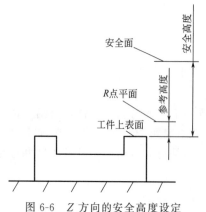

图 6-6　Z 方向的安全高度设定

度、参考高度、工件上表面、切削深度用细线标出，需要设定，而这些值经过后处理都将反映到加工程序中，在 UG 中则是采用"避让几何"的观点，差别不大。

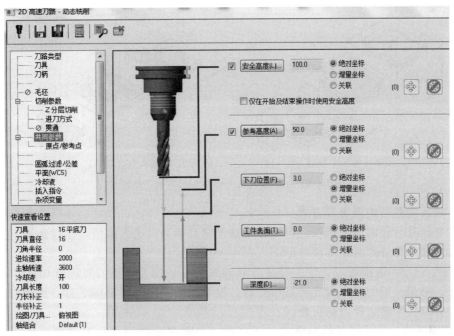

图 6-7　MasterCAM 中 Z 方向的设定

6.3.2　进退刀方式与向量

在这里，只分析 XY 平面内的刀具路径。

(1) 加工外形轮廓常用的进退刀方式

① 对于有水平和竖直边的外形轮廓可以沿水平和竖直边进退刀。这是最简单的一种方法，如图 6-8 所示。

② 采用圆弧切向进退刀，加工效果较好，应用具有普遍性，但编程比水平方向直接进退刀复杂一些，需要设计切入和切出圆弧，如图 6-9 所示。

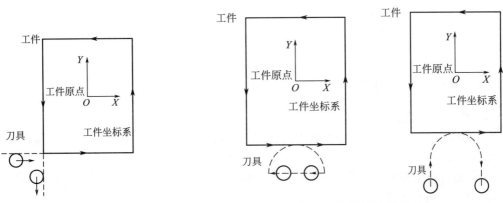

图 6-8　水平竖直进退刀　　　　　图 6-9　圆弧切向进退刀

手工编程带半径补偿（G41/G42）时，尤其要注意进退刀时是否过切，这是一个重点也是一个难点，将在加工部分详细讲解。如果是自动编程，不带半径补偿值，就不存在类似的问题。图 6-10 所示为 MasterCAM 中设定的进退刀圆弧。

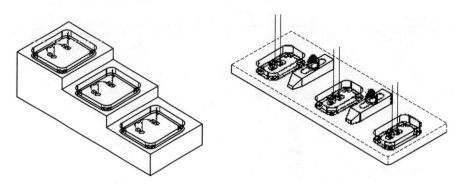

图 6-10 MasterCAM 中设定的进退刀圆弧

（2）加工型腔时的进退刀方式

型腔是模具行业的一个概念，可以简单地把它理解为凹进去的槽，也就是说下刀时就要切削工件，和加工外形时在工件外部下刀是不一样的。

① 直接下刀：键槽铣刀、球头刀在刀具的底面有切削刃，下刀时进行切削，可以采用这种方法；但是一般的平底刀底面是中空的，没有切削刃，不要直接下刀，否则刀具的下表面和工件会发生干涉，使刀具折断。

② 螺旋下刀：采用螺旋线的方式往下切削，只要螺旋线半径和下刀螺旋角合理，一般的立铣刀也可以用来加工型腔，如图 6-11 所示。

③ 斜插下刀：采用斜插下刀的方式往下切削，只要下刀线段长度和斜插角度合理，一般的立铣刀也可以用来加工型腔，如图 6-12 所示。

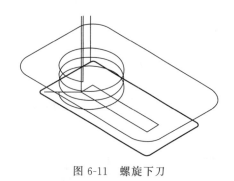

图 6-11 螺旋下刀

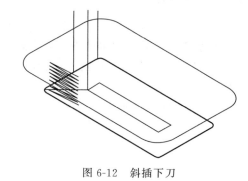

图 6-12 斜插下刀

6.3.3 零件的加工路线

（1）铣削轮廓表面

在铣削轮廓表面时一般采用立铣刀侧面刃口进行切削。对于二维轮廓加工，通常采用的加工路线如下。

① 从起刀点下刀到下刀点。

② 沿切向切入工件。

③ 轮廓切削。

④ 刀具向上抬刀，退离工件。

⑤ 返回起刀点（或任一安全位置）。

（2）顺铣和逆铣对加工的影响

铣刀旋转切入工件的方向与工件的进给方向相同称为顺铣。顺铣时切削力 F 的水平分力 F_h 的方向与进给运动 v_f 的方向相同，顺铣时切削厚度从最大到零，刀具使用寿命高，已加工表面质量好，产生垂直向下的铣削分力 F_v，有助于工件的定位夹紧，但不可铣带硬皮的工件，当工作台进给丝杠螺母机构有间隙时，工作台可能会窜动，如图 6-13 所示。

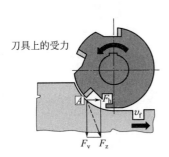
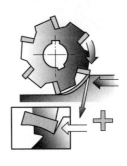

图 6-13　顺铣示意图

铣刀旋转切入工件的方向与工件的进给方向相反称为逆铣。逆铣时切削力 F 的水平分力 F_h 的方向与进给运动 v_f 的方向相反，逆铣时切削厚度从零到最大，刀具使用寿命低，已加工表面质量差，产生垂直向上的铣削分力 F_v，有挑起工件破坏定位的趋势，但可铣带硬皮的工件，当工作台进给丝杠螺母机构有间隙时，工作台也不会窜动，如图 6-14 所示。

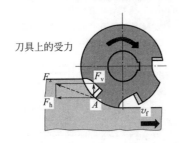
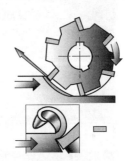

图 6-14　逆铣示意图

图 6-15 所示的为顺、逆铣同时切削的情况。

铣削方式的选择应视零件图样的加工要求，工件材料的性质、特点以及机床、刀具等条件综合考虑。通常，由于数控机床传动采用滚珠丝杠结构，其进给传动间隙很小，顺铣的工艺性优于逆铣。

同时，为了降低表面粗糙度值，提高刀具耐用度，对于铝镁合金、钛合金和耐热合金等材料，尽量采用顺铣加工。但如果零件毛坯为黑色金属锻件或铸件，表皮硬而且余量一般较大，这时采用逆铣较为合理，当然，到底采用顺铣还是逆铣一切以实践加工效果为准。

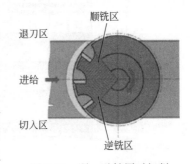

图 6-15　顺、逆铣同时切削

第7章
FANUC 0i系统数控铣床操作面板

数控系统种类繁多，对应的机床操作、程序编制均有所不同。FANUC 0i 系统为世界技能大赛数控铣项目官方指定的一款系统，本书除了另一款世界技能大赛官方指定系统 SINUMERIK 828D 的编程操作专门讲解以外，其讲解均是以 FANUC 0i 系统的编程操作为基础进行。

7.1 操作面板的外形

FANUC 0i 系统操作面板外形如图 7-1 所示。

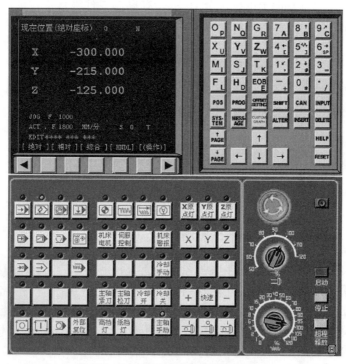

图 7-1　FANUC 0i 系统操作面板外形

7.2 操作面板的组成

FANUC 0i 系统操作面板由 CRT 显示器（图 7-2）、MDI 键盘（图 7-3）和机床操作面板组成，其中 FANUC 数控系统由 FANUC 公司统一提供，但不同的机床厂家生产的机床操作面板不尽相同（图 7-1、图 7-4）。

7.2.1 CRT 显示器

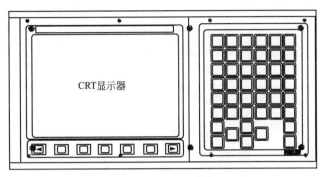

图 7-2 CRT 显示器

7.2.2 MDI 键盘

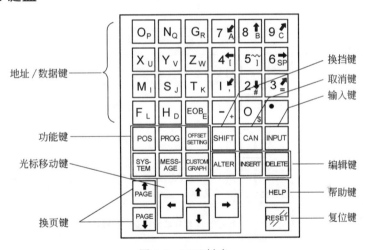

图 7-3 MDI 键盘

MDI 键盘上各键的详细说明见表 7-1。

表 7-1 MDI 键盘上各键的详细说明

名　称	详 细 说 明
复位键 RESET	按下此键可以使 CNC 复位或取消报警等
帮助键 HELP	当对 MDI 键盘上各键的操作不明白时，按下此键可以获得帮助
软键	根据不同的画面，软键有不同的功能，软件功能显示在屏幕的底端
地址/数据键 N Q 4	按下这些键可以输入字母、数字或其他字符

续表

名　称	详　细　说　明
换挡键 SHIFT	在 MDI 键盘上，有些键具有两个功能，按下换挡键可以在这两个功能之间进行切换，当一个键右下角的字符被输入时，会在屏幕上显示一个特殊的字符
输入键 INPUT	当按下一个字母键或数字键时，再按该键数据被输入到缓存区，并且显示在屏幕上。要将输入缓存区的数据拷贝到偏置寄存器中等，需按下输入键。此键与软键上的［INPUT］键是等效的
取消键 CAN	按下此键删除最后一个进入输入缓存区的字符。当 Z 被输入缓存区后显示为 ＞N001 X100 Z_ 当按下取消键时，Z 被取消并且显示为 ＞N001 X100 _
编辑键 ALTER INSERT DELETE	按下如下键进行程序编辑 ALTER　替换 INSERT　插入 DELETE　删除
功能键 POS PROG	按下这些键，切换不同功能的显示屏幕
光标移动键 ↑ ← → ↓	→　用于将光标向右或者向前移动。光标以小的单位向前移动 ←　用于将光标向左或者往回移动。光标以小的单位往回移动 ↓　用于将光标向下或者向前移动。光标以大的单位向前移动 ↑　用于将光标向上或者往回移动。光标以大的单位往回移动
换页键 PAGE↓ PAGE↑	PAGE↓　用于将屏幕显示的页面向前翻页 PAGE↑　用于将屏幕显示的页面往回翻页

功能键是用来选择将要显示的功能的，当一个软件在功能键之后立即被按下，就可以选择与所选功能相关的屏幕。

一般的屏幕操作

POS　PROG　OFFSET SETTING

SYSTEM　MESSAGE　CUSTOM GRAPH

功能键

[ ][ ][ ][ ][(OPRT)]

章节选择软键↑
操作选择软键

按下 MDI 键盘上的功能键，属于所选功能的一章软键就显示出来。

按下其中一个章节选择软键，则所选章节的屏幕就显示出来。如果有关一个目标章节的屏幕没有显示出来，按下菜单继续键（下一菜单键）。有些情况，可以选择一章中的附加章节。

当目标章节屏幕显示后，按下操作选择软键，以显示要进行操作的数据。

为了重新显示章节选择软键，按下菜单返回键。

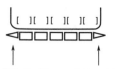

菜单返回键　菜单继续键

上面解释了通常的屏幕显示过程。然而，实际的显示过程。每一屏幕都不一样。要了解详细情况，请见相关的操作叙述。

各功能键所显示的屏幕种类如下。

POS：按下此键以显示位置屏幕。

PROG：按下此键以显示程序屏幕。

OFFSET SETTING：按下此键以显示偏置/设置屏幕。

SYSTEM：按下此键以显示系统屏幕。

MESSAGE：按下此键以显示信息屏幕。

CUSTOM GRAPH：按下此键以显示用户宏屏幕 (宏程序屏幕) 和图形显示屏幕。

7.2.3　机床操作面板

机床操作面板如图 7-4 所示，主要用于控制机床的运动和选择机床的运行状态，由模式选择按钮、数控程序运行控制按钮等多个部分组成，每一部分的详细说明如下。

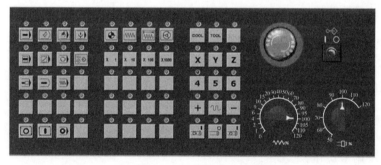

图 7-4　机床操作面板

① 模式选择按钮。

AUTO：进入自动加工模式。

EDIT：用于直接通过操作面板输入数控程序和编辑程序。

MDI：手动数据输入，可以用来运行较短的程序段。

JOG：手动方式，连续快速移动工作台或者刀具。

DNC：此模式下用电缆线连接 PC 机和数控机床，选择数控程序文件传输，可用于在线加工（它和图 7-1 中的　是一样的）。

⊕ REF：回参考点。

〰 INC：手动脉冲，增量进给，可用于步进或者微调。

◎：手轮方式移动工作台或刀具。

② 数控程序运行控制按钮。

▮：程序运行开始，模式选择按钮在 AUTO 和 MDI 位置时按下有效，其余时间按下无效。

◎：程序运行暂停，也称进给保持，在数控程序运行中，按下此按钮停止程序运行，刀具不再进给，但是主轴仍然在转动，经常在操作者发现加工出现问题时使用。

③ 机床主轴手动控制按钮。

▮：手动开机床主轴正转。

▮：手动开机床主轴反转。

○：手动关机床主轴。

④ 手动移动机床台面按钮。

X Y Z ＋ 〰 －：X、Y、Z 按钮选择移动坐标轴，＋、－按钮选择移动方向，同时按下 〰 和移动方向按钮，机床将沿移动方向快速移动。

⑤ 单步进给量控制按钮。

X 1 X 10 X 100 X1000：选择手动台面时每一步的距离。×1 为 0.001mm，×10 为 0.01mm，×100 为 0.1mm，×1000 为 1mm。

⑥ 进给速度调节旋钮。

：调节数控程序运行中的进给速度，调节范围为 0～120%。

⑦ 主轴速度调节旋钮。

：调节主轴速度，速度调节范围为 0～120%。

⑧ 外置手脉手轮。

：顺时针转，机床往正方向移动；逆时针转，机床往负方向移动。

⑨ 单步执行按钮。

▤：每按一次执行一条数控指令。

⑩ 程序段跳读按钮。

：自动方式按下此按钮，跳过程序段开头带有 "/" 的程序。

⑪ 程序停止按钮。

：自动方式下，遇有 M00 程序停止。

⑫ 机床空转按钮。

：按下此按钮，各轴以固定的速度运动。

⑬ 手动示教按钮。

：这个功能用来生成行为顺序或工件程序。

⑭ 冷却液开关按钮。

COOL ：按下此按钮，冷却液开。

⑮ 在刀库中选刀按钮：

TOOL ：按下此按钮，在刀库中选刀。

⑯ 控制钥匙。

：置于 ON 位置，可编辑程序。

⑰ 程序重启动按钮。

：由于刀具破损等原因自动停止后，程序可从指定的程序段重新启动。

⑱ 机床锁开关按钮。

：按下此按钮，机床各轴被锁住。

第8章
数控机床基本操作专项练习

8.1 数据的输入/输出与程序的编辑

8.1.1 通过 MDI 键盘输入加工程序

(1) 加工程序的自动输入

需要设备：具有 RS232C 接口的数控机床、数据传输线、数据传输软件（PCIN 等）。

具体操作：点击操作面板上的编辑（EDIT）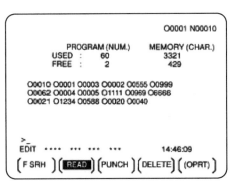 按钮，选择 EDIT 方式。显示程序目录，按下操作［(OPRT)］软键，为一个即将输入的程序指定程序号输入地址，然后再输入程序号；如果不指定程序号，则文件中的程序号就赋给输入到内存中的程序。按下软键［READ］→［EXEC］，CRT 显示器上会出现闪烁的光标，表示此时可以用自动传输软件输入，屏幕和软键的变化如图 8-1 所示。

以 MasterCAM9.0 为例子，在主菜单中点击"文件"→"下一页"→"文件传输"，出现如图 8-2 所示的对话框，点击"传送"，找到要传输的程序（.TXT 或者 .NC 的文件）后，点击 OK。

图 8-1 屏幕与软键

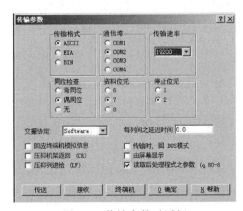

图 8-2 传输参数对话框

于是指定的程序被输入。要取消输入，按下软键［CAN］，要在输入完成之前停止输入按下软键［STOP］。

注意，数控机床 COM 口的设定要和计算机 COM 口一致，波特率要和数控系统设定的波特率一致，否则会导致传输失败。

(2) 加工程序的手动输入

这是一种简单的输入方式，当程序不太长时，可以在 MDI 键盘上直接输入，但容易输错，需要注意，养成谨慎的习惯，这也是一种操作技能，需要多加练习，达到熟练的程度。

① 新建一个数控程序。

点击操作面板上的编辑 ◇ 按钮，进入编辑状态。点击 MDI 键盘上的 PROG 键，CRT 界面转入编辑页面。利用 MDI 键盘输入 Ox（x 为程序号，不可与已有程序号重复）按 INSERT 键，CRT 界面上显示一个空程序，可以通过 MDI 键盘开始程序输入。输入一段代码后，按 INSERT 键输入域中的内容显示在 CRT 界面上，用回车换行键 EOB/E 结束一行的输入后换行。

② 编辑数控程序。

点击操作面板上的编辑 ◇ 按钮，进入编辑状态。点击 MDI 键盘上的 PROG 键，CRT 界面转入编辑页面。选定了一个数控程序后，此程序显示在 CRT 界面上，可对数控程序进行编辑操作。

移动光标：按 ↑PAGE 键和 ↓PAGE 键翻页，按光标移动键 ↑ ↓ ← → 移动光标。

插入字符：先将光标移到所需位置，点击 MDI 键盘上的地址/数据键，将字符输入到输入域中，按 INSERT 键，把输入域的内容插入到光标所在字符后面。

删除输入域中的数据：按 CAN 键删除输入域中的数据。

删除字符：先将光标移到所需删除字符的位置，按 DELETE 键，删除光标所在位置的字符。

查找：输入需要搜索的字符。按 ↓ 键开始在当前数控程序中光标所在位置后搜索。（字符可以是一个字母或一个完整的代码，如 M、N0010 等）。如果此数控程序中有所搜索的字符，则光标停留在找到的字符处；如果此数控程序中光标所在位置后没有所搜索的字符，则光标停留在原处。

替换：先将光标移到所需替换字符的位置，将替换的字符通过 MDI 键盘输入到输入域中，按 ALTER 键，把输入域中的字符替代光标所在位置的字符。

③ 选择一个数控程序。

经过导入数控程序操作后，点击 MDI 键盘上的 PROG 键，CRT 界面转入编辑页面。利用 MDI 键盘输入 Ox（x 为数控程序目录中显示的程序号），按 ↓ 键开始搜索，搜索到后 Ox 显示在屏幕首行程序号位置，NC 程序显示在屏幕上。

④ 删除一个数控程序。

点击操作面板上的编辑 ◇ 按钮，进入编辑状态。利用 MDI 键盘输入 Ox（x 为要删除的数控程序在目录中显示的程序号），按 DELETE 键，程序即被删除。

⑤ 删除全部数控程序。

点击操作面板上的编辑 ◇ 按钮，进入编辑状态。点击 MDI 键盘上的 PROG，CRT 界面转入编辑页面。利用 MDI 键盘输入"O-9999"，按 DELETE 键，全部数控程序即被删除。

⑥ 删除指定范围内的多个程序。

选择 EDIT 方式，按下 **PROG** 键显示程序屏幕，按"Oxxxx，Oyyyy"格式输入将要删除的程序的程序号范围，其中 xxxx 代表将要删除程序的起始程序号，yyyy 代表将要删除的程序的终了程序号；按下 **DELETE** 键删除程序号从 xxxx 到 yyyy 之间的程序。

⑦ 删除一个程序段。

以下的步骤将删除一个程序段直到它的 EOB 码，光标前进到下一程序段开头的字地址。

a. 检索或扫描将要删除的程序段地址 N。

b. 按下 **EOB / E** 键。

c. 按下 **DELETE** 键。

⑧ 删除多个程序段。

以下步骤将删除从当前显示的程序段到指定顺序号的程序段。

a. 检索或扫描将要删除的第一个程序段的第一个字。

b. 键入地址 N。

c. 键入将要删除的最后一个程序段的顺序号。

d. 按下 **DELETE** 键。

8.1.2 通过 MDI 键盘编辑加工程序

(1) 拷贝一个完整的程序

通过拷贝可以生成一个新的程序，如图 8-3 所示。

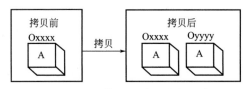

图 8-3　通过拷贝生成一个新程序

具有程序号 xxxx 的程序被拷贝并重新创建一个程序号为 yyyy 的程序，通过拷贝创建的程序除了程序号外，其他都和原程序一样。

拷贝整个程序的步骤：

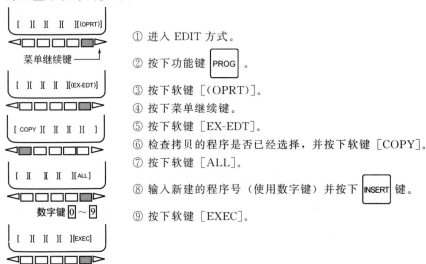

① 进入 EDIT 方式。

② 按下功能键 PROG 。

③ 按下软键［(OPRT)］。

④ 按下菜单继续键。

⑤ 按下软键［EX-EDT］。

⑥ 检查拷贝的程序是否已经选择，并按下软键［COPY］。

⑦ 按下软键［ALL］。

⑧ 输入新建的程序号（使用数字键）并按下 INSERT 键。

⑨ 按下软键［EXEC］。

（2）拷贝程序的一部分

通过拷贝程序的一部分也可以生成一个新的程序，如图 8-4 所示。

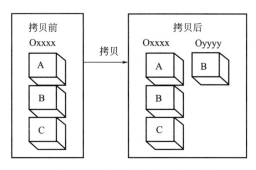

图 8-4 拷贝程序的一个部分生成一个新程序

程序号 xxxx 的程序的一部分被拷贝生成一个新的程序号为 yyyy 的程序，拷贝操作后指定编辑范围的程序保持不变。

拷贝部分程序的步骤：

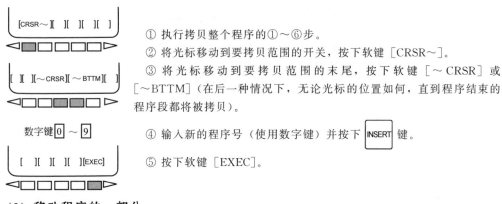

① 执行拷贝整个程序的①～⑥步。

② 将光标移动到要拷贝范围的开关，按下软键 ［CRSR～］。

③ 将光标移动到要拷贝范围的末尾，按下软键 ［～CRSR］或 ［～BTTM］（在后一种情况下，无论光标的位置如何，直到程序结束的程序段都将被拷贝）。

④ 输入新的程序号（使用数字键）并按下 INSERT 键。

⑤ 按下软键 ［EXEC］。

（3）移动程序的一部分

通过移动程序的一部分可以生成一个新的程序，如图 8-5 所示。

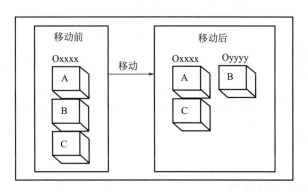

图 8-5 移动程序的一部分生成一个新程序

程序号为 xxxx 的程序的 B 部分被移出并生成了一个新程序，程序号为 yyyy，程序号为 xxxx 的 B 部分程序被删除。

移动部分程序的步骤：

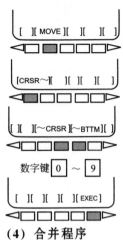

① 执行拷贝整个程序的①～⑤步。

② 检查程序屏幕中将要移动的程序是否被选出并按下软键［MOVE］。

③ 将光标移动到要移动范围的开头，按下软键［CRSR～］。

④ 将光标移动到要移动范围的末尾，按下软键［～CRSR］或［～BTTM］（在后一种情况下，无论光标的位置如何，直到程序结束的程序段都将被移动）。

⑤ 输入新程序号（使用数字键）并按下 INSERT 键。

⑥ 按下软键［EXEC］。

（4）合并程序

另外一个程序可以插入当前程序的任何位置，如图 8-6 所示。

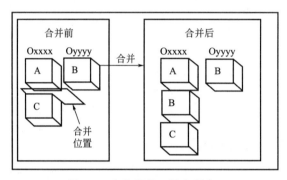

图 8-6　合并程序（插入程序）

程序号 xxxx 的程序被合并到程序号 yyyy 的程序中，程序 Oyyyy 在合并之后保持不变。合并程序的步骤：

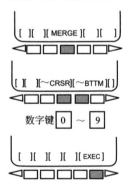

① 执行拷贝整个程序的①～⑤步。

② 检查是否选出将要编辑的程序，并按下软键［MERGE］。

③ 将光标移动到插入另一个程序的位置，按下软键［～CRSR］或［～BTTM］（在后一种情况下，显示当前程序的末尾）。

④ 输入将要插入的程序号（使用数字键）并按下 INSERT 键。

⑤ 按下软键［EXEC］。

在第④步中指定程序号的程序就被插入到在第③步中指定的光标位置的前面。

8.2　机床的手动操作

8.2.1　机床回零

按下 🔄 按钮，转入回原点模式。在回原点模式下，先使 X 轴回原点，选择操作面板

上的 X 轴选择按钮，按下＋、－运动方向选择按钮，X 轴将回原点，X 轴回原点灯变亮，CRT 上的 X 坐标变为"0.000"。同样，再分别使 Y 轴和 Z 轴回原点，Y 轴和 Z 轴回原点灯变亮。

回原点的目的是让机床能够识别机床坐标系，而机床坐标系是建立工件坐标系的基础。

8.2.2　手动/连续方式

按下操作面板上的手动按钮，使其指示灯 变亮，机床进入手动模式。分别按下 X、Y、Z 轴选择按钮和＋、－运动方向选择按钮，移动机床。按下 按钮控制主轴的转动和停止。

8.2.3　手动脉冲方式

在手动/连续方式或在对刀需精确调节机床时，可用手动脉冲方式调节机床。按下操作面板上的手动脉冲按钮 或 ，使指示灯变亮。调整手轮，选择坐标轴，按下＋、－运动方向选择按钮，选择合适的脉冲当量，转动手轮，精确控制机床的移动；按下 按钮控制主轴的转动和停止。

8.3　加工中心的对刀

8.3.1　对刀原理

数控机床开机后能够识别的只有机床坐标系，这是由机床厂家所设定的，加工时点的坐标以此原点为基准进行计算将非常复杂，为此，要设定便于加工的坐标系和工件原点。

对刀的目的是通过刀具确定工件坐标系与机床坐标系之间的空间位置关系（图 8-7）；

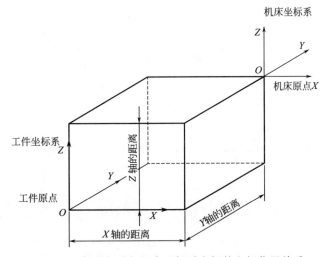

图 8-7　工件坐标系与机床坐标系之间的空间位置关系

通过对刀，求出工件原点在机床坐标系中的坐标，并将此数据输入到数控系统相应的存储器中。这样，在程序调用时，所有的值都是针对设定的工件原点给出的。对刀是数控加工中最重要的操作内容，其准确性将直接影响零件的加工精度。

8.3.2 对刀工具与方法

根据现有条件和加工精度要求选择对刀方法，可采用试切法、寻边器对刀、机内对刀仪对刀、自动对刀等。其中试切法对刀精度较低；加工中心常用寻边器和 Z 轴设定器对刀，效率高，能保证对刀精度。对刀操作分为 X、Y 向对刀和 Z 向对刀。

(1) 对刀工具

X、Y 向对刀的工具有偏心式寻边器和光电式寻边器等，Z 向对刀的工具有 Z 轴设定器，分别如图 8-8(a)、图 8-8(b) 和图 8-8(c) 所示。

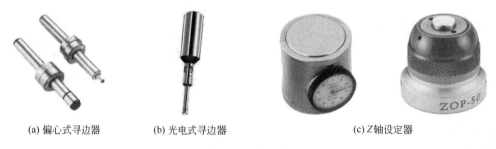

(a) 偏心式寻边器   (b) 光电式寻边器   (c) Z 轴设定器

图 8-8　对刀工具

(2) 对刀方法

① X、Y 向对刀。

机床显示屏上面显示的坐标为主轴中心的坐标，用刀具分别接触工件的两个端面，如图 8-9 所示。其中刀具在 AD 边和 CD 边的 X、Y 读数是不变的，因此可以求出刀具中心线交点 K 点在机床坐标系中的坐标，以工件上任意一点作为工件原点，只需以 K 点为基础，算出该点在机床坐标系中的坐标即可。

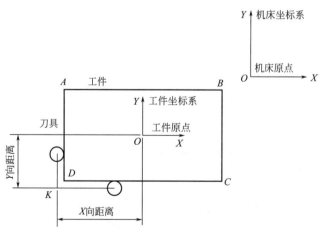

图 8-9　X、Y 向对刀原理

例如，$AB=200$mm，$BC=120$mm，寻边器下表面圆柱直径为 10mm，对刀时求出 K 点的机床坐标为（-405，-280），以工件的中心作为程序原点，在 G54 中建立工件坐标

系，则

$$G54x = -405 + (200/2 + 10/2) = -300$$
$$G54y = -280 + (120/2 + 10/2) = -215$$

也就是说，要以哪点作为程序原点，则需求出哪点的机床坐标。

② Z 向对刀。

加工中心 Z 向对刀时采用实际加工时所要使用的刀具，有多少把刀就对多少次，其中一种方法是以其中的一把刀作为基准刀具，记录 Z 坐标，在工件坐标系中设定（如在 G54 中的 Z 坐标中进行设定），其余的坐标与之相减，作为不同刀具间的长度补偿值，分别输入 H02、H03 中，如图 8-10 所示。

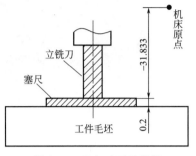

图 8-10 Z 向对刀示意图

其中 Z 坐标设定值为

$$G54z = -31.833 - 0.2 = -32.033mm$$

另外一种方法不设定基准刀具，工件原点 Z 坐标的建立全部是通过长度补偿来实现的，也就是在工件坐标系的设定中 Z 值为 0（如在 G54 中的 Z 坐标中进行设定），而把相应刀具的补偿值全部设定在 H01、H02、H03 中，这时就不能使用取消长度补偿指令 G49，否则会发生撞主轴的情况，如图 8-11 所示。

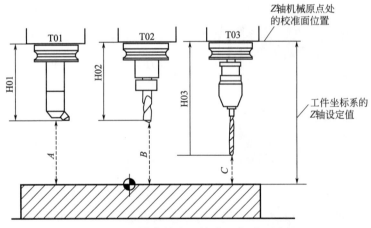

图 8-11 不设定基准刀具时 Z 向对刀原理

③ 设置坐标系参数（G54～G59 参数设置）。

在 MDI 键盘上按下 OFFSET SETTING 键，按软键"坐标系"进入坐标系参数设定界面，输入 0x，（01 表示 G54，02 表示 G55，依此类推），按软键"NO 检索"，光标停留在选定的坐标系参数设定区域，如图 8-12 所示。

也可以用光标移动键 ↑ ↓ ← → 选择所需的坐标系和坐标轴。利用 MDI 键盘输入通过对刀得到的工件坐标原点在机床坐标系中的坐标值。设通过对刀得到的工件坐标原点在机床坐标系中的坐标值为（-500，-415，-404），则首先将光标移到 G54 坐标系 X 的位置，在 MDI 键盘上输入"-500.00"，按软键"输入"或按 INPUT 键，参数输入到指定区域。按 CAN 键逐字删除输入域中的字符。点击 ↓ 键，将光标移到 Y 的位置，输入

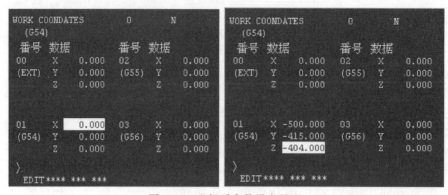

图 8-12　坐标系参数设定界面

"—415.00"，按软键"输入"或按 **INPUT** 键，参数输入到指定区域。同样可以输入 Z 值。

④ 设置加工中心刀具补偿参数。

加工中心刀具补偿包括刀具的半径和长度补偿。

a. 输入半径补偿参数。

ⅰ. 在 MDI 键盘上按下 **OFFSET SETTING** 键，进入补偿参数设定界面，如图 8-13 所示。

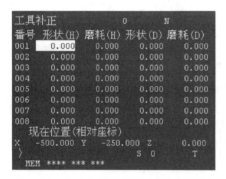

图 8-13　半径和长度补偿参数设定界面

ⅱ. 用光标移动键 **↑** **↓** 选择所需的番号，并用光标移动键 **←** **→** 确定需要设定的直径补偿是形状补偿还是磨耗补偿，将光标移到相应的区域。

ⅲ. 点击 MDI 键盘上的地址/数据键，输入刀尖直径补偿参数。

ⅳ. 按软键"输入"或按 **INPUT** 键，参数输入到指定区域。按 **CAN** 键逐字删除输入域中的字符。

b. 输入长度补偿参数。

ⅰ. 在 MDI 键盘上点击 **OFFSET SETTING** 键，进入补偿参数设定界面，如图 8-13 所示。

ⅱ. 用光标移动键 **↑** **↓** 选择所需的番号，并用光标移动键 **←** **→** 确定需要设定的长度补偿是形状补偿还是磨耗补偿，将光标移到相应的区域。

ⅲ. 点击 MDI 键盘上的地址/数据键，输入刀具长度补偿参数。

ⅳ. 按软键"输入"或按 **INPUT** 键，参数输入到指定区域。按 **CAN** 键逐字删除输入域中的字符。

8.4　数控机床自动运行专项练习

8.4.1　存储器运行

运行存储在系统存储器中的程序时，先将机床回零，导入数控程序或自行编写一段程序，将操作面板上的操作模式旋钮设为自动运行模式，按下操作面板上的循环启动按钮，程序开始执行。

　　数控程序在运行过程中可根据需要暂停、停止、急停和重新运行。数控程序在运行时，按下循环启动按钮 ⬤ ，程序停止执行；再按下循环启动按钮 ⬤ ，程序从暂停位置开始执行。数控程序在运行时，按下急停按钮，程序中断运行，继续运行时，先将急停按钮松开，再按下循环启动按钮，余下的数控程序从中断行开始作为一个独立的程序执行。

8.4.2　自动/单段方式

　　先将机床回零，再导入数控程序或自行编写一段程序，将操作面板上的操作模式旋钮设为自动运行模式，按下操作面板上的单节按钮，使按钮变亮，按下操作面板上的循环启动按钮，程序开始执行。

　　自动/单段方式执行每一行程序均需点击一次循环启动按钮。按下单节跳过按钮，使其变亮，则程序运行时跳过符号"/"有效，该行成为注释行，不执行。点击选择性停止按钮，使其变亮，则程序中 M01 有效。可以通过主轴倍率旋钮和进给倍率旋钮来调节主轴旋转的速度和移动的速度。按 RESET 键可将程序重置。

8.4.3　检查运行轨迹

　　NC 程序导入后，可检查运行轨迹。将操作面板上的操作模式设为自动加工模式，按下 MDI 键盘上的 PROG 键，点击地址/数据键，输入 Ox（x 为所需检查运行轨迹的程序号），按 ↓ 键开始搜索，找到后，程序显示在 CRT 界面上。按下 CUSTOM GRAPH 键，进入检查运行轨迹模式，按下操作面板上的循环启动按钮，即可观察数控程序的运行轨迹。

8.4.4　MDI 运行

　　由 MDI 键盘输入的程序运行时，将操作面板上的操作模式旋钮设为 MDI 运行模式。在 MDI 键盘上按 PROG 键，进入编辑页面。按地址/数据键键入字母 O，再键入程序号，但不可以与已有程序号重复。输入程序后，用回车换行键 EOB E 结束一行的输入后换行。按换页键 PAGE PAGE 翻页，按光标移动键 ↑ ↓ ← → 移动光标，按 CAN 键，删除输入域中的数据，按 DELETE 键，删除光标所在的字符，按 INSERT 键，输入所编写的数据指令。输入完整数据指令后，按循环启动按钮运行程序，用 RESET 键清除输入的数据。

　　MDI 键盘输入程序的长度是有限的，不能超过一个显示屏，常用来对刀时设定机床主轴转速，进行自动换刀等操作。

8.4.5　DNC 运行

（1）DNC 技术简介

存储器技术的发展已经淘汰了纸带和阅读机，640m 纸带所记载的程序容量相当于 256K 的存储器（相当于一张软盘的 1/6），其体积也不过是一个 30mm×15mm×3mm 的集成电路模块而已。

手工编制的加工程序一般都不太长，加工一个钻、镗、铣、攻螺纹等工序的汽车变速箱程序约有 2K 字节就够了，这已经是长程序了。在 256K 程序存储器的 FANUC 数控系统里，存储 100 个加工零件的程序是毫无问题的，当前生产制造的中高档数控系统无一例外地采用了这种程序存储器进行自动运行。随着三轴乃至四、五轴联动功能的出现，加工三维空间曲面的编程已经成为必须解决的问题，因为对此手工编程是无法实现的。

CAD/CAM 计算机辅助设计/辅助制造软件日益受到用户的喜爱，市面上广泛流行的有 Pro/Engineer、Unigraphics、Cimatron 等。由于模具制造加工的编程都属于三维实体，它们必须使用这些软件造型和编程。而用上述软件自动生成的加工程序一般都很长，少则 1～3M 字节，多则几十兆至几百兆字节。

这样长的程序数控系统没有可存放的空间，它们只能存在计算机的硬盘中，当加工时，利用数据线连接计算机和数控系统的 RS232C 串行接口，通过 DNC 软件把加工程序一部分、一部分地传送给数控系统。机床运行完一部分程序后，会请求计算机再发送一部分，直到加工完成，这就是 DNC 加工。

（2）DNC 加工方法

将机床的操作方式设为 （DNC 方式），再按 按钮，此时数控机床处于待加工状态，只需利用 DNC 软件从计算机中输入数控加工程序便可实现在线加工。

第9章
SINUMERIK 828D系统数控编程

SINUMERIK 828D 是一款专门针对紧凑型机床设计的、具有强大功能的数控系统，它首次将现代的计算机和手机技术应用于紧凑型机床，人机界面利用丰富的图形化在线帮助以及动画支持来引导操作者对参数进行修改，给用户带来了极大的便利。

9.1 数控程序简介

9.1.1 数控程序格式

数控程序也称零件加工程序，由指令的逻辑序列构成，程序启动后这些指令由控制单元逐步执行。每个程序编译后都保存在控制单元的一个程序名下。名称可以包含字母和数字。

一个程序段的开头是程序段号，后面是指令。每条指令包含多个指令字，它们由地址符（A～Z）和一个相关的数值组成。

程序结构：

程序段号	位移信息							转换信息			
	准备功能指令	坐标轴			插补参数			进给	速度	刀具	M功能
N	G	X	Y	Z	I	J	K	F	S	T	M

几何参数　　　　　　　　　　　工艺参数

程序段号只是一个程序的工艺标识，控制单元并不将其作为指令进行处理。编程时程序段号通常以 10 为步长增加，只是为了便于使用者检查。不影响程序的执行。

几何参数包含了对刀具或轴运动清楚定义的所有说明。

工艺参数用来执行启用所需刀具、预先选定必要的切削参数、进给速度和主轴速度等功能。M 辅助功能可以控制诸如旋转方向、辅助设施的操作。

示例：

```
L203;                              N60 X42.0 Y40.0;
N10 T1 D1 G40 M3 S1200 G54;        N70 G40 X50.0 Y50.0;
N20 G00 X50.0 Y50.0  Z100.0;       N80 G00 Z100.0;
N30 G00 Z5.0;                      N90 M05;
N40 G01 Z-1 F2000;                 N100 M30;
N50 G01 G41 X40.0 Y42.0;
```

为了更好地理解程序，可以在每个程序段的末尾选择添加注释说明。这些注释必须以分号开头，此后跟随的任意字符，控制单元都不会进行处理。CNC 程序里每个加工步骤前，必须用地址符 T 和 D 选择相应的刀具。地址符 T 后跟随的是刀具的名称，可以是数字或字母（这里只能使用数字编号的不同型号）。所有可以使用的刀具参数（如刀具类型、长度、半径等）在程序中都由地址符 D 调用。这里的一整套 D 数据是关于"刀沿"。可对应每个刀具生成多个刀沿参数（D1，…，D9）。现以 SINUMERIK 828D 系统来说明常用地址符、指令功能及其含义（表 9-1）。

表 9-1　常用地址符、指令功能及其含义

地址符、指令	功　能	含　义
N	程序段编号	程序段号
G	准备功能	数控准备功能
F	进给功能	进给速率
S	主轴功能	主轴转速
T	刀具功能	指定刀具号
M	辅助功能	辅助功能 M 代码
D	刀沿号	指定刀具刀沿号
:	标记符	NC 主程序段号、跳转标记结束、连接运算符
+、-、* 、/	数学计算符号	用于数学计算
=、>、<、>=、<=、AND、OR、NOT 等	逻辑运算符	用于各种逻辑关系运算
X、Y、Z	尺寸数据	坐标位置值
CR		圆弧半径值
I、J、K		圆心坐标相对值
CFC、CFTCP、FFWON 等	特殊指令	特殊功能指令
CYCLE81、CYCLE82 等	循环指令	各种循环指令
R	R 参数	R 变量

9.1.2　程序段指令编写规则

数控程序的规范编写对程序员来说是一项基本要求，数控程序是编程人员与其他人员进行交流的基本媒介。一个结构清晰、格式规范、注释简单明了的程序是编程人员与操作人员交流的基本条件。

(1) 程序段号

在程序段开始处使用程序段号进行标记。程序段号由一个字符 N 和一个正数构成，如 N30。

(2) 程序段结束

程序段以字符 LF 结束。字符 LF 可以省略，可以通过换行自动生成。

(3) 指令顺序

为了使程序段结构清晰明了，程序段中的指令一般按如下顺序排列：

N ＿ G ＿ X ＿ Y ＿ Z ＿ F ＿ S ＿ T ＿ D ＿ M ＿ H ＿

(4) 地址赋值

地址可以被赋值，赋值方式有直接赋值和表达式赋值。

① 直接赋值是指在地址后面直接写出数值的赋值方式。在下列情况下，地址与值之间

必须写入赋值符号"＝"。

ⅰ.地址由几个字母构成。

ⅱ.值由常数构成。如果地址是单个字母,并且值仅由一个常量构成,则可以不写符号"＝"。在数字扩展之后,必须紧跟"＝""("")""["""］"","几个符号中的一个,或者一个运算符,从而可以把带数字扩展的地址与带数值的地址字母区分开。

示例:X10 给地址 X 赋值(10),不要求写"＝"符号;X1＝10 地址(X)带扩展数字(1),赋值(10),要求写"＝"符号。

ⅲ.允许使用正负号,通常"＋"号可以省略。

ⅳ.可以在地址字母之后使用分隔符,如 F100 与 F 100 是等效的。

② 表达式赋值方式及赋值时适用下列规则:表达式赋值方式是指地址后的数值以计算公式、函数表达式、数组等形式出现。

ⅰ.计算公式必须按照四则运算的形式书写。

ⅱ.函数表达式必须正确,函数的值必须在规定值的区间内。

ⅲ.函数值的单位必须符合西门子 828D 系统规定,如角度值的单位是十进制的。

示例:X＝10＊(5＋SIN(37.5)),通过表达式进行赋值,要求使用"＝"符号;ACOS(R3)＝36.8699°。

ⅳ.为了使数控程序更容易理解,可以为数控程序段加上注释,828D 支持中文注释。注释部分的内容如果是对程序的整体说明,一般放在程序的开始部分;如果是对程序段的说明,则放在程序段的段尾处。注释内容的开始处用";"将其与数控程序段的程序部分隔开。

9.1.3　数控程序命名

对每一个完整的加工程序必须要有程序名称,以便区别于其他程序,供操作者在数控机床程序存储器的程序目录中查找和调用。程序名必须放在程序开头位置,一定要根据系统的规定编写,否则程序无法被运行。对于不同的数控系统,程序名地址符也有所差别。存入数控系统程序存储器的各零件加工程序名不能相同。

(1) 主程序的程序命名规则

主程序扩展名为".MPF"。每个数控程序有一个名称,在创建程序时可以按照下列规则自由选择名称。

① 名称的长度不得超过 24 个字符。

② 允许使用的字符有字母 A,…,Z 和 a,…,z;数字 0,…,9;下划线__。

③ 名称的前两个字符必须是两个字母或者为一条下划线和一个字母。

规范的数控程序名称书写如 WELLE__2、__MPF120。

(2) 子程序的命名规则

子程序扩展名为".SPF"。程序名可以自由选取,规则同主程序名的命名规则。

① 程序名开头应是字母,不允许以数字开头命名。

② 其他符号为字母、数字或下划线。

此外,还可以使用字母 L 加数字的形式作为子程序名的定义方式,其后的值可以有 7 位(只能为整数)。

例如,L133、L0133 和 L00133 分别表示 3 个不同的子程序(L 之后的每个零均有意义,不可省略)。

9.2 地址符和指令详解

9.2.1 地址符 N

一个完整的程序由许多程序段构成，每个程序段的段首都是一个以 N 开头作为标记的程序段号，其后以数字为编号，如 N10、N20、N30 等。

通常在 SINUMERIK 系统中主要用于当程序出现报警时，能迅速根据报警提示找到报警位置，然后纠正程序，再找到当前程序段号接着运行后面的程序，还可以用于校对、检索和修改。

程序段号的产生方式有：手工编写；系统自动生成；CAM 软件通过后处理自动产生。

9.2.2 进给功能 F

F 指令主要用于根据不同的刀具加工不同的材料、不同的加工工艺等选择刀具和工件的相对移动速度，使其达到一个合理的加工状态。表示进给速度常用的方式有以下两种。

① 每分钟进给量（G94）：当 G94 功能激活时，编程使用的直线轴进给速度单位为 mm/min，旋转轴进给速度单位为 (°)/min，是刀具与工件的相对移动速度，与主轴、刀具的旋转速度无关。

② 每转进给量（G95）：当 G95 功能激活时，编程使用的直线轴进给速度单位为 mm/r，旋转轴进给速度单位为 (°)/r，是主轴每旋转一圈后刀具与工件的相对位移量。

特别注意，当 G94 和 G95 更换时要求写入一个新的地址 F。

9.2.3 主轴功能 S

S 指令是设定一个或多个主轴的旋转速度（r/min）。一台数控机床的主轴转速有一个范围，如普通数控铣床或加工中心主轴转速是 50～8000r/min，高档的机床主轴转速每分钟上万转至几十万转，具体可以根据机床参数查到。

9.2.4 刀具功能 T

T 指令指定刀具号。刀具号分为刀库里就位刀具号和主轴上刀具号，只有配有 ATC 功能的数控机床才有此刀具功能指令。换刀前必须将主轴移动到一个固定地方才能进行刀具交换。在机床开机后，如果使用的是增量位移测量系统，则所有轴滑板必须回到参考点标记。在此之后，才可以编程运行。使用 G74 可以在数控程序中执行回参考点运行。

示例：

```
N10 G74 Z1＝0；（Z 轴回参考点）
N20 G74 X1＝0 Y1＝0；（X、Y 轴回参考点）
N30 M06 T02；（将 2 号刀更换到主轴上）
```

9.2.5 辅助功能 M

辅助功能一般是机床厂家在数控机床上编制的 PLC 程序，用来控制外围逻辑电路使其达到控制冷却液开关、主轴正反转和停止、刀具交换、托盘交换等不需要插补运算的功能。常用的 M 代码及其功能见表 9-2。

表 9-2　常用的 M 代码及其功能

M 代码	功　　能	M 代码	功　　能
M00	程序停止	M06	刀具交换
M01	条件程序停止	M08	冷却开
M02	程序结束	M09	冷却关
M03	主轴正转	M17	子程序结束
M04	主轴反转	M19	主轴定向
M05	主轴停止	M30	程序结束并返回程序头

M3 与 M4 指令示意图如图 9-1 所示。

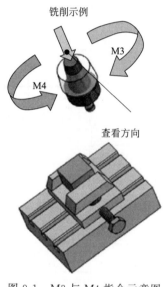

图 9-1　M3 与 M4 指令示意图

9.2.6　准备功能 G

准备功能 G 代码用来规定刀具和工件的相对运动轨迹（即指令插补功能）、机床坐标系、坐标平面、刀具补偿、坐标偏移等多种加工操作。SINUMERIK 828D 系统常见 G 代码见表 9-3。

表 9-3　SINUMERIK 828D 系统常见 G 代码

G 代码	代码功能	G 代码	代码功能
※G0	线性插补，带快速移动（快进运行）	G5	斜向切入式磨削
G1	线性插补，带进给（直线插补）	G7	斜向切入式磨削时的补偿运动
G2	顺时针圆弧插补	G9	准停-速度减小
G3	逆时针圆弧插补	※G17	选择工作平面 XY
G4	暂停时间，给定时间	G18	选择工作平面 ZX

续表

G 代码	代码功能	G 代码	代码功能
G19	选择工作平面 YZ	G143	逼近方向 WAB,切线相关
G25	工作范围下限	G147	以直线平滑逼近
G26	工作范围上限	G148	以直线平滑返回
G33	螺纹切削,等螺距	G153	取消当前框架,包括基准框架
G34	螺纹切削,增螺距	G247	沿四分圆平滑逼近
G35	螺纹切削,减螺距	G248	沿四分圆平滑返回
※G40	取消刀具半径补偿	G290	转换到 SINUMERIK 模式 ON
G41	刀具半径补偿,轮廓左边	G291	转换到 ISO 2/3 模式 ON
G42	刀具半径补偿,轮廓右边	G331	不带弹性夹头的螺纹切削,正向螺距,右旋螺纹
※G53	抑制当前零点偏移(非模态有效)	G332	不带弹性夹头的螺纹切削,负向螺距,左旋螺纹
G54	第 1 个可设定的零点偏移		
G55	第 2 个可设定的零点偏移	G340	空间逼近序段(深度和平面上相等)
G56	第 3 个可设定的零点偏移	G341	首先在垂直轴上进给(Z),然后在平面中运动
G57	第 4 个可设定的零点偏移		
G58	第 5 个可设定的零点偏移	G347	以半圆平滑逼近
G59	第 6 个可设定的零点偏移	G348	以半圆平滑返回
G60	准停-速度减小	G450	过渡圆弧
G62	激活刀具半径补偿(G41、G42)时,内角上的减速度	G451	等距离交点
		G460	启用轮廓碰撞监控,用于逼近程序段和退回程序段
G63	带弹性夹头的攻螺纹		
G64	连续路径运行	G461	在 TRC 程序段中插入一个圆弧
G70	英制尺寸,用于几何数据(长度)	G462	在 TRC 程序段中插入一条直线
※G71	公制尺寸,用于几何数据(长度)	G500	取消所有可设定的框架,基本框架激活
G74	返回参考点	G507~G599	可设定的零点偏移
G75	返回固定点	G601	在精准停时切换程序段
※G90	绝对尺寸	G602	在粗准停时切换程序段
G91	增量尺寸	G603	在 IPO 程序段结束处切换程序段
G93	时间倒数进给率(r/min)	G621	所有拐角处都减速
G94	直线进给率 F[mm/min、in/min、(°)/min]	G641	连续路径运行,根据位移标准开展平滑(=可编程的平滑距离)
G95	旋转进给率 F(mm/r、in/r)		
G96	激活恒定切削速度(同 G95 时)	G642	连续路径运行,按照定义的公差开展平滑
※G97	取消恒定切削速度(同 G95 时)	G643	连续路径运行,按照定义的公差开展平滑(程序段内部)
G110	极点编程,相对于最后编程的给定位置		
G111	极点编程,相对于当前工件坐标系的零点	G644	连续路径运行,采用允许的最大动态响应开展平滑
G112	极点编程,相对于最后有效的极点		
G140	由 G41/G42 确定的逼近方向 WAB	G645	连续路径运行,按照定义的公差对拐角和程序段切线过渡开展平滑
G141	逼近方向 WAB,轮廓左边		
G142	逼近方向 WAB,轮廓右边	G700	英制尺寸,用于几何数据和工艺数据(长度、进给率)

续表

G 代码	代码功能	G 代码	代码功能
G710	公制尺寸,用于几何数据和工艺数据(长度、进给率)	G952	取消旋转进给、恒定切削速度或主轴转速
		G961	恒定切削速度和直线进给
G810~G819	给 OEM 用户保留的 G 代码组	G962	线性进给、旋转进给和恒定切削速度
G820~G829	给 OEM 用户保留的 G 代码组	G971	取消主轴转速和直线进给
G931	进给由运行时间给定	G972	取消线性进给、旋转进给和恒定主轴转速
G942	取消线性进给、恒定切削速度或主轴转速	G973	无主轴转速限制的旋转进给

注：表中有※标记的 G 代码为系统上电后默认状态。

(1) 快速点定位（G0）

格式：G0 X __ Y __ Z __ ;（直角坐标系终点坐标）

G0 AP= __ RP= __ ;（极坐标系终点坐标，AP 为极角，RP 为极半径）

G0 快速运行用于刀具快速定位、工件绕行、接近换刀点和退刀等路径环节。使用 G0 编程的刀具运行将以最快速度执行。在每个机床数据中，每个轴的快速运行速度都是单独定义的。运动轨迹如图 9-2 所示。

这条指令使刀具以快速移动到指定的位置，被指令的各轴之间的运动是互不相关的，也就是说刀具移动的轨迹不一定是一条直线，视机床的参数设定是以直线轨迹运行还是以非直线轨迹运行而定。

示例：起始点位置为 X10.0，Y10.0，执行指令 G0 X40.0 Y40.0，将使刀具走出图 9-3(a) 所示的轨迹；如果起始点位置仍为 X10.0，Y10.0，执行指令 G0 X40.0 Y60.0，将使刀具走出图 9-3 (b) 所示的轨迹，这是数控装置插补运算的结果。

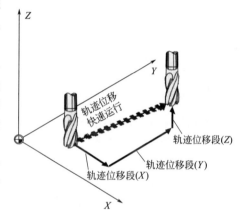

图 9-2　G0 运动轨迹

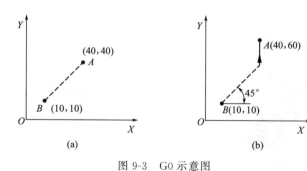

图 9-3　G0 示意图

(2) 直线插补（G1）

格式：G1 X __ Y __ Z __ F __ ;

G1 AP= __ RP= __ F __ ;

G1 指令使当前的插补模态成为直线插补模态，刀具从当前位置移动到 IP 指定的位置，其轨迹是一条直线，F 指定了刀具沿直线运动的速度，单位为 mm/min（X、Y、Z 轴）。该指令是最常用的指令之一。

示例：加工如图 9-4 所示槽，编写加工程序。

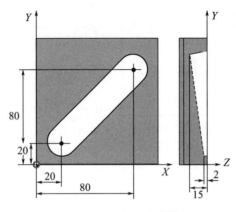

图 9-4 G1 加工示意图

```
N05 G17 S500 M3；（主轴顺时针旋转，转速为 500r/min）
N10 G0 X20 Y20 Z2；（刀具定位到起始位置）
N15 G1 Z-2 F30；（下刀）
N20 X80 Y80 Z-15；（刀具沿一条倾斜直线运行）
N25 G0 Z100；（抬刀）
N30 M30；（程序结束）
```

程序段 N20 并没有指令 G1，由于 G1 指令为模态指令，所以 N15 程序段中所指令的 G1 在 N20 程序段中继续有效，同样地，指令 F30 在 N20 段也继续有效，即刀具沿两段直线的运动速度都是 30mm/min。

(3) 圆弧插补（G2/G3）

SINUMERIK 828D 系统提供了一系列不同的方法来实现圆弧插补运动。如图 9-5 所示，控制系统需要指定工作平面（G17～G19）计算圆弧的旋转方向。G2 为顺时针方向旋转，G3 为逆时针方向旋转。

① 格式。

ⅰ．G2/G3 X __ Y __ Z __〈$\dfrac{\text{I \_\_ J \_\_ K \_\_}}{\text{CR=}}$〉F __；（给出半径和终点的圆弧插补，I、J、K 表示圆心相对于圆弧起点的距离，CR 为圆弧半径）

ⅱ．G2/G3 AR=〈$\dfrac{\text{I \_\_ J \_\_}}{\text{X \_\_ Y \_\_}}$〉F __；（给出张角和圆心的圆弧插补，AR 为圆弧张角）

ⅲ．G2/G3 AP=__ RP=__ F __；（带有极坐标的圆弧插补，AP 为极角，RP 为极半径）

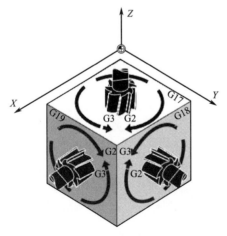

图 9-5 不同工作平面的圆弧插补方向

ⅳ．CIP X __ Y __ Z __ I1=__ J1=__ K1=__ F __；（给出中间点和终点的圆弧插补，I1、J1、K1 为直角坐标系中间坐标点）

② 圆弧半径正负值选择。

在用半径定义的圆弧中，CR=__ 的符号用于选择正确的圆弧。使用同样的起点、终点、半径和相同的方向，可以得到两个不同的圆弧编程。如图 9-6 所示，CR＝－＿中的负号说明圆弧段大于半圆，否则，圆弧段小于或等于半圆。

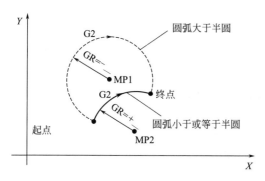

图 9-6　圆弧半径正负值选择

MP1—圆弧 1 圆心；MP2—圆弧 2 圆心

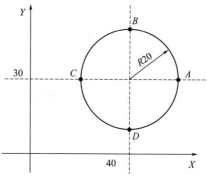

图 9-7　整圆编程

③ 整圆加工。

只有用圆心和终点定义的程序段才可以实现整圆编程，也就是说使用 CR 半径方式编程不能用一个程序段一次性加工一个整圆出来，需要把一个整圆打断成两段以上，现利用圆心 I、J、K 的方式进行编程，如图 9-7 所示。

示例：

以 A 点为起点逆时针加工整圆：G3 X60 Y30 I-20 J0；简写为 G03 I-20；

以 B 点为起点逆时针加工整圆：G3 X40 Y50 I0 J-20；简写为 G03 J-20；

以 C 点为起点顺时针加工整圆：G2 X20 Y30 I20 J0；简写为 G02 I20；

以 D 点为起点顺时针加工整圆：G2 X40 Y10 I0 J20；简写为 G03 J20；

---

④ 圆弧编程方法。

示例 1：定义圆心和终点，如图 9-8 所示。

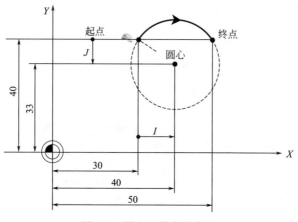

图 9-8　圆心和终点的定义

N5 G0 X30 Y40；（圆弧的起点）

N10 G2 X50 Y40 I10 J-7；（终点和圆心）

示例 2：定义终点和半径，如图 9-9 所示。

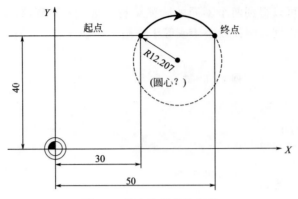

图 9-9　终点和半径的定义

N5 G0 X30 Y40；（圆弧的起点）

N10 G2 X50 Y40 CR=12.207；［终点和半径（若 CR 参数为负，表示选择一个大于半圆的圆弧段）］

示例 3：定义圆心和张角，如图 9-10 所示。

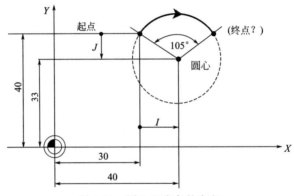

图 9-10　圆心和张角的定义

N5 G0 X30 Y40；（圆弧的起点）

N10 G2 I10 J-7 AR=105；（圆心和张角）

示例 4：极坐标方式，如图 9-11 所示。

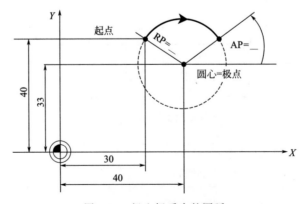

图 9-11　极坐标系中的圆弧

N1 G17；（XY 平面）

N5 G90 G0 X30 Y40；（圆弧的起点）

N10 G111 X40 Y33；（极点＝圆心）

N20 G2 RP＝12.207 AP＝21；（极坐标）

示例 5：通过中间点进行圆弧插补（CIP），如图 9-12 所示。

如已知圆弧轮廓上 3 个点而不知圆心、半径和张角，建议使用功能 CIP。在此，圆弧方向由中间点的位置确定（中间点位于起点和终点之间）。对应着不同的坐标轴，中间点定义如下：I1＝__用于 X 轴；J1＝__用于 Y 轴；K1＝__用于 Z 轴。CIP 一直有效，直到被 G 功能组中其他指令（G0、G1、G2 等）取代为止。

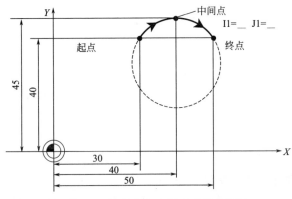

图 9-12　已知终点和中间点的圆弧插补

N5 G0 X30 Y40；（用于 N10 的圆弧起点）

N10 CIP X50 Y40 I1＝40 J1＝45；（终点和中间点）

（4）螺旋插补（G2/G3，TURN）

螺旋插补可以用来加工螺纹或油槽。在螺旋插补时，运动轨迹由水平圆弧运动和叠加其上的一垂直直线运动同时执行。圆弧运动在工作平面确定的轴上进行，如图 9-13 所示。

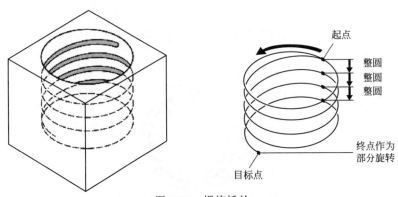

图 9-13　螺旋插补

格式：G2/G3 X __ Y __ Z __ I __ J __ K __ TURN＝__；（X、Y、Z 为以直角坐标给定的终点，I、J、K 为以直角坐标给定的圆心，TURN 为附加圆弧运行次数的范围，从 0 到 999）

　　　　G2/G3 AR＝__ I __ J __ K __ TURN＝__；（AR 为张角）

　　　　G2/G3 AR＝__ X __ Y __ Z __ TURN＝__；

执行该指令时，先运动到起点，执行 TURN＝__中编程的整圆。

示例：利用螺旋插补编程完成图 9-14 所示螺旋线加工。

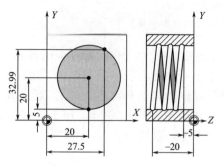

图 9-14　螺旋线加工

N50 G17 G1 Z-5 F30；（进刀）

N60 X27.5 Y32.99 F300；（运动到起始位置）

N70 G2 X20 Y5 Z-20 I=AC(20)J=AC(20)TURN=2；（从起始位置执行 2 个整圆，螺旋运动

逼近终点）

N80 G1 X0 Y0 F900；（回到圆心）

N90 M30；（程序结束）

---

(5) 非模态绝对和增量尺寸编程 ［AC () 和 IC ()］

在 ISO 标准中，对于绝对尺寸/增量尺寸的编程，仅仅提供了模态功能指令 G90/G91，而西门子系统在这方面具有独特的非模态指令，在实际应用中具有更多的方便性和灵活性。

例如，G0 X＝AC(100)Y＝IC(100)，可以在同一个程序段中对不同的坐标轴应用不同的尺寸描述方式。

由于非模态指令只在本程序段内部有效，因而在子程序内部应用上述指令不会对主程序指令产生不必要的影响。

示例：利用圆弧插补指令完成图 9-15 所示凹槽加工。

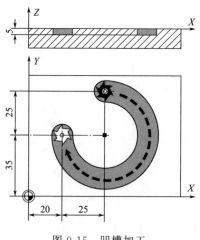

图 9-15　凹槽加工

① 非模态绝对尺寸 AC () 编程：

N10 G90 G0 X45 Y60 Z2 T1 S2000 M3；（绝对尺寸编程，快进到位置 X、Y、Z，选择 1 号刀具，主轴正转）

N20 G1 Z-5 F500；（直线插补，进刀）

N30 G2 X20 Y35 I＝AC(45)J＝AC(35)；（顺时针方向圆弧插补、绝对尺寸中的圆弧终点和圆心）

N40 G0 Z2；（抬刀）

N50 M30；（程序段结束）

通常，圆心的位置都表示为圆心相对于起点的增量。用此指令可以方便地表示圆心的绝对坐标：G2/G3 X ＿ Y ＿ I＝AC()J＝AC()。

② 非模态增量尺寸 IC () 编程：

N10 G90 G0 X45 Y60 Z2 T1 S2000 M3；（绝对尺寸编程，快进到位置 X、Y、Z，选择 1 号刀具，主轴正转）

N20 G1 Z＝IC(－7) F500；（增量坐标编程，直线插补，进刀）

N30 G2 X20 Y35 I0 J-25；（顺时针方向圆弧插补、绝对尺寸中的圆弧终点、增量尺寸中的圆心）

N40 G0 Z2；（抬刀）

N50 M30；（程序段结束）

---

(6) 极坐标形式的尺寸编程（G110/G111/G112）

在定义工件位置时，可以使用极坐标来代替直角坐标。如果一个工件可以用到一个固定点（极点）的极径和极角标准尺寸，往往要使用极坐标指令，标注尺寸的原点就是极点。

① 指令功能：极坐标由极坐标半径 RP 和极坐标角度 AP 共同组成，如图 9-16 所示。

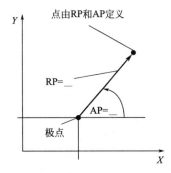

图 9-16　极坐标半径 RP 和极坐标角度 AP

② 格式：

G110/G111/G112 X ＿ Y ＿ Z ＿；（极点定义的直角坐标形式）

G110/G111/G112 RP＝＿ AP＝＿；（极点定义的极坐标形式）

G110 ＿：使用指令 G110 使后续的极坐标都以最后一次返回的位置为基准。

G111 ＿：使用指令 G111 使后续的极坐标都以当前工件坐标系的零点为基准。

G112 ＿：使用指令 G112 使后续的极坐标都以最后一个有效的极点为基准。

X ＿ Y ＿ Z ＿：直角坐标系中指定的极点。

RP＝＿ AP＝＿：极坐标系中指定的极点。

RP＝＿：极径。

AP＝＿：极角。

③ 示例：在板料上加工图 9-17 所示的孔，每个孔以相同的流程加工，钻孔、铰孔等程序存储在子程序中，编写加工程序。

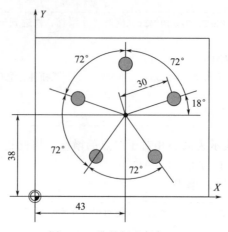

图 9-17　孔的极坐标加工

N10 G17 G54；（定义工作平面 XY，工件零点）

N20 G111 X43 Y38；（确定极点）

N30 G0 RP＝30 AP＝18 Z5；（逼近起点，以极坐标指定）

N40 L10；（子程序调用）

N50 G91 AP＝72；（快速逼近下一个位置，以增量尺寸设定极角，程序段 N30 中得到的极径仍被保存，不需设定）

N60 L10；（子程序调用）

N70 AP＝IC(72)；（快速逼近下一个位置）

N80 L10；（子程序调用）

N90 AP＝IC(72)；

N100 L10；

N110 AP＝IC(72)；

N120 L10；

N130 G0 X300 Y200 Z100 M30；（退刀，程序结束）

N90 AP＝IC(72)；

N100 L10；

（7）外侧拐角方式（G450/G451）

在刀具半径补偿激活时（G41/G42），可以使用指令 G450 或 G451 来确定绕行外角时补偿后的刀具轨迹曲线，如图 9-18 所示。

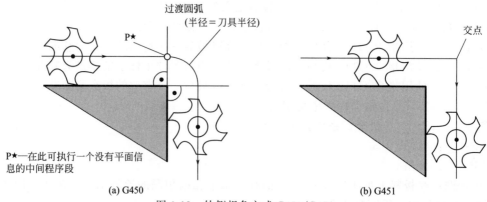

过渡圆弧
（半径＝刀具半径）

P★

交点

P★—在此可执行一个没有平面信息的中间程序段

(a) G450

(b) G451

图 9-18　外侧拐角方式 G450/G451

G450 编程时，刀具中心点以圆弧形状绕行工件拐角，圆弧半径等于刀具半径。G451 编程时，刀具逼近两条等距线的交点，等距线与编程轮廓之间的距离等于刀具半径。G451 仅适用于直线和圆弧。

(8) 曲线轨迹部分的进给速度优化（CFC/CFTCP/CFIN）

CFC：轮廓（刀沿）上保持恒定进给率，该功能被设置为默认值。进给速度在内径上会降低，而在外径上会增大，因此在刀沿和轮廓上的速度保持恒定，如图 9-19 所示。

根据刀具半径值调整刀具中心轨迹的速度，使刀具边沿与工件之间相对运动速度保持在编程的进给率值。内圆弧加工，$F_{中心} = F_{编程}(R_{轮廓} - R_{刀具})/R_{轮廓}$，外圆弧加工，$F_{中心} = F_{编程}(R_{轮廓} + R_{刀具})/R_{轮廓}$，如图 9-20 所示。

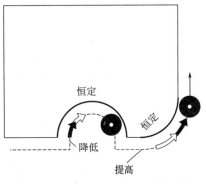

图 9-19　CFC 轮廓恒定进给率功能

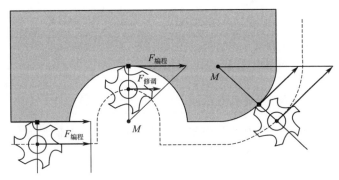

图 9-20　编程进给率与修调进给率关系示意图

$F_{编程}$—编程的进给率；$F_{修调}$—刀具中心修调进给率

CFTCP：在铣刀中心轨迹上保持恒定进给率，控制系统保持进给速度恒定，进给倍率无效。

CFIN：仅凹形轮廓上的刀沿保持恒定进给率，否则在铣刀中心轨迹上保持恒定进给率。进给速度在内半径上会降低。

(9) 可设定的零点偏移（G54～G57，G507～G599，G53，G500）

通过可设定的零点偏移（G54～G57 和 G507～G599），可以在所有轴上依据基准坐标系的零点设置工件零点。这样可以通过 G 指令在不同的程序之间调用零点，用于不同的夹具。如图 9-21 所示，有 3 个工件，它们放在托盘上并与零点偏移值 G54～G56 相对应，需要按顺序对其进行加工，加工顺序在子程序 L45 中编程。

G54～G59：调用第 1 到第 6 个可设定的零点偏移。

G507～G599：调用第 7 到第 99 个可设定的零点偏移。

G53：非模态注销，抑制逐段生效的可设定零点偏移和可编程零点偏移。

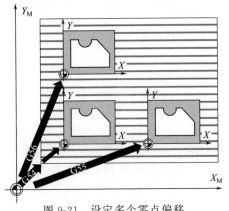

图 9-21　设定多个零点偏移

G500：注销，直到下一个 G54～G599 指令出现。

```
N10 G0 G90 X10 Y10 F500 T1；（绝对坐标编程，调用刀具，逼近）
N20 G54 S1000 M3；（调用第 1 个零点偏移，主轴正转）
N30 L45；（调用子程序运行）
N40 G55 G0 Z200；（调用第 2 个零点偏移，Z 在障碍物之后）
N50 L45；（调用子程序运行）
N60 G56；（调用第 3 个零点偏移）
N70 L45；（调用子程序运行）
N80 G53 X200 Y300 M30；（零点偏移抑制，程序结束）
```

(10) 公制尺寸/英制尺寸（G71/G70）

工件所标注尺寸的尺寸系统可能不同于系统设定的尺寸系统（英制或公制），但这些尺寸可以直接输入到程序中，系统会完成尺寸的转换工作。

G70：坐标值使用英制尺寸单位。

G71：坐标值使用公制尺寸单位。

示例：

```
N10 G70 X10 Z30；（英制尺寸）
N20 X40 Z50；G70（继续生效）
…
N80 G71 X19 Z20；（开始公制尺寸）
```

系统根据所设定的状态把所有的几何值转换为公制尺寸或英制尺寸（这里刀具补偿值和可设定零点偏移值也作为几何尺寸）。同样，进给率的单位分别为 mm/min 或 in/min。

(11) 回参考点（G74）

用 G74 指令实现数控程序中回参考点功能，每个轴的方向和速度存储在机床数据中。G74 需要一独立程序段，并按程序段方式有效。在 G74 之后的程序段中原先"插补方式"组中的 G 指令（G0、G1、G2 等）将再次生效。

(12) 刀具补偿编程指令（G41，G42，G40，D）

刀具补偿类型分为刀具长度补偿和刀具半径补偿。使用刀具补偿功能编程时，无需考虑刀具直径以及刀具长度等刀具参数，简化了编程过程。

通过调用 D 编号来激活专用刀沿的补偿数据，以及用于刀具长度补偿的数据。进行 D0 编程时，刀具的补偿无效。刀具半径补偿则必须通过 G41、G42 指令开启，通过 G40 关闭。

刀沿的概念是西门子数控系统的一个专用名词，可以理解为是刀具上一个"物理"切削刃。

D（编号）：激活一个刀具补偿。

D0：取消刀具补偿。

G41：激活刀具半径左补偿。

G42：激活刀具半径右补偿。

G40：取消刀具半径补偿。

D 指令为激活有效刀具补偿程序段指令。刀具长度补偿在相应长度补偿轴的首次运行时生效。加工时必须指定工作平面 G17（或 G18 和 G19），由此控制系统判别出工作平面。在程序调用刀具后，激活该刀具的 D 编号，该刀具的长度补偿即会生效。从而确定出补偿的轴方向，即不同工作平面的长度，如图 9-22 所示。

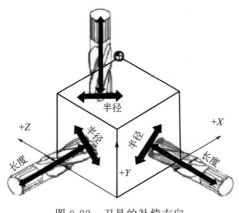

图 9-22　刀具的补偿方向

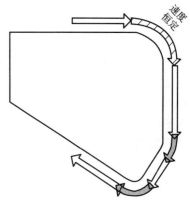

图 9-23　连续路径运行 G64

(13) 连续路径运行（G64）

在连续路径运行中，刀具会在轮廓的过渡切线上尽可能以恒定的路径速度运行，如图 9-23 所示（在程序段界限处不进行制动）。在拐角和准停程序段之前会进行预先制动（预读功能）。

同样，也以恒速绕行拐角。为了减少轮廓损坏，在考虑到加速度极限和过载系数的情况下应相应地降低速度。

9.3　子程序

与 FANUC 系统一样，SINUMERIK 系统的数控程序也分为主程序和子程序。在目前的 SINUMERIK 系统编程语言中，原则上每个程序既可以作为主程序选择并启动，也可以作为子程序由另一个零件程序调用，因此子程序指的是可以由另一个零件程序调用的程序。

9.3.1　子程序名称

子程序的命名规则与主程序的命名规则相同。

在使用程序名时，如调用子程序，可以组合所有的前缀名、程序名和扩展名。如名为"SUB ＿ PROG"的子程序可以通过以下调用方式启动。

① SUB ＿ PROG。

② ＿ N ＿ SUB ＿ PROG。

③ SUB ＿ PROG ＿ SPF。

④ ＿ N ＿ SUB ＿ PROG ＿ SPF。

⑤ 另外在子程序中还可以使用地址符 L ＿，其值可以是 7 位整数。注意在地址 L 中，数字前的零有意义，用于区别。

举例：

```
        N10 L123；

        N20 L0123；

        N30 L00123；
```

以上例子表示三个不同的子程序。另外，如果主程序（．MPF）和子程序（．SPF）的名称相同，在零件程序中使用程序名时，必须给出相应的扩展名，以明确区分程序。

9.3.2　定义子程序

子程序的编写格式分为带有定义形参实参传递的子程序和没有参数传递的子程序形式。在定义没有参数传递的了程序时，可以省略程序头的定义行。

格式：PROC（程序名）；

程序开头的定义指令 PROC 是一个专用关键词。

示例 1（子程序，带 PROC 指令）

PROC　SUB ＿ PROG；（定义行）

N10 G01 G90 G64 G17；

N20 X20 Y40；

…

N100 RET；（子程序返回）

示例 2（子程序，不带 PROC 指令）

N10 G01 G90 G64 G17；

N20 X20 Y40；

…

N100 RET；（子程序返回）

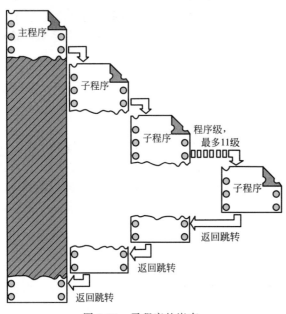

图 9-24　子程序的嵌套

9.3.3　子程序的嵌套

一个主程序可以调用子程序，而该子程序又能继续调用另一子程序，因此各个程序以相互嵌套的方式运行。

主程序始终在最高的程序级上运行，即 0 级。而子程序始终在下一个更低级别的程序级上运行。因此，程序级 1 是第一个子程序，对于这样的嵌套调用，包括主程序级别在内，总共最多可以有 12 个程序级别可以使用，如图 9-24 所示。

9.3.4　子程序的调用

调用子程序时，可以使用地址符 L 加子程序号，或者直接使用程序名称。如果要求多次连续地执行某一子程序，则在调用时必须在所调用子程序的程序名后的地址符 P 后写入调用次数，最大次数可以为 9999（P1～P9999）。

格式：L（编号或程序名称）P（调用次数）；

举例：

N30 L003 P5；（调用子程序 L003，运行 5 次）

N40 LUOWEN P6；（调用程序 LUOWEN，运行 6 次）

9.3.5　子程序的返回指令

子程序的结构与主程序的结构一样，子程序用 M17 结束程序。返回指令 M17 位于程序的末尾，使程序执行后返回到主程序中子程序调用指令执行后的程序段上。M17 和 M30 在 NC 语言中被视为同等的指令。

格式：

PROC（程序名称）；

…

M17/M30；

另外，编程指令 RET 在子程序中可以代替 M17。RET 必须在一个单独的零件程序段中设定。和 M17 类似，RET 使程序执行后返回到主程序中子程序调用指令执行后的程序段上。

格式：

PROC（程序名称）；

…

RET；

9.4 钻孔循环指令

在机械零件中，带孔零件一般要占零件总数的 $50\% \sim 80\%$，孔是产品中最常见的一种加工要素，根据加工工艺不同，孔加工又分为钻孔、铰孔、扩孔、拉孔、锪刀、镗孔、攻螺纹孔、铣螺纹孔等。

在 SINUMERIK 828D 系统中，钻削循环可以按照位置模式重复执行，即模态调用。其编程格式为在循环指令的前面写入 MCALL，并与循环指令保持有一个空格符的位置。例如 MCALL　CYCLE81（…）。在其下面注意编写被加工孔的位置坐标数据。最后，单独编写 MCALL 指令（独立的一个程序段），作为位置模式钻孔循环的结束。

9.4.1　CYCLE81（钻中心孔）

执行该循环指令，刀具按照编程的主轴转速和进给率进行钻孔，直至达到最后钻孔深度，在到达钻削深度处停留的时间后，刀具退回至"返回平面"位置，如图 9-25 所示。

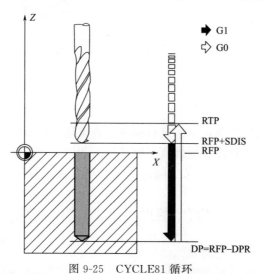

图 9-25　CYCLE81 循环

格式：CYCLE81（RTP，RFP，SDIS，DPR，DT）；

RTP：实数，返回平面（绝对值）。

RFP：实数，参考平面（绝对值）。

SDIS：实数，安全间隙（无符号输入）。

DPR：实数，以刀尖为参照的编程钻孔深度。

DT：实数，最终钻孔深度处的停留时间。

示例：加工图 9-26 所示零件上的孔，取工件左下角端点为程序原点，编写加工程序。

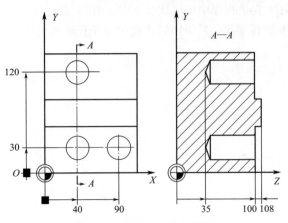

图 9-26　CYCLE81 加工实例

```
N10 T1 D1；（选择刀具和刀沿）
N20 G0 G54 G17 G90 M3 S1000；（加工前准备）
N30 Z150 M8；（快速移动到起始高度、开冷却液）
N40 G01 Z140 F100；
N50 MCALL CYCLE 81 (150，110，2，35，1)；（调用钻孔循环）
N60 G0 X40 Y30；
N70 X40 Y120；（孔位置）
N80 X90 Y30；（孔位置）
N90 MCALL；（取消循环）
N100 G0 Z200；（刀具移开）
N110 M5；（主轴停止）
N120 M30；（程序结束并返回起点）
```

9.4.2　CYCLE83（深孔钻削）

刀具按照编程的主轴转速和进给率进行钻孔，直至达到最后钻孔深度。深孔钻削是通过多次执行最大可定义的深度并逐步增加直至到达最后的钻孔深度来实现的。钻头可以在每次进给深度完以后退回到参考平面＋安全间隙用于排屑，或者每次退回一定距离（如 1mm）用于断屑，如图 9-27 所示。

格式：CYCLE83（RTP，RFP，SDIS，DP，DPR，FDEP，FDPR，DAM，DTB，DTS，FRF，VARI）；

RTP：实数，返回平面（绝对值）。

RFP：实数，参考平面（绝对值）。

SDIS：实数，安全间隙（无符号输入）。

DP：实数，最后钻孔深度（绝对值）。

DPR：实数，相对于参考平面的最后钻孔深度（无符号输入）。

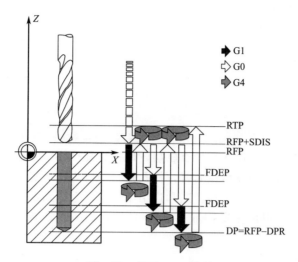

图 9-27　CYCLE83 循环

FDEP：实数，起始钻孔深度（绝对值）。

FDPR：实数，相当于参考平面的起始钻孔深度（无符号输入）。

DAM：实数，递减量（无符号输入）。

DTB：实数，最后钻孔深度时的停留时间（断屑）。

DTS：实数，起始点处和用于排屑的停留时间。

FRF：实数，起始钻孔深度的进给系数（无符号输入），数值范围为 $0.001 \sim 1$。

VARI：整数，加工类型，断屑为 0，排屑为 1。

示例：加工图 9-28 所示零件上的孔，取工件左下角端点为程序原点，编写加工程序。

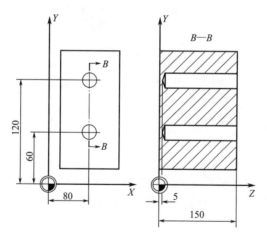

图 9-28　CYCLE83 加工实例

N10 T1 D1；（选择刀具和刀沿）

N20 G0 G54 G17 G90 M3 S1000；（加工前准备）

N30 Z200 M8；（快速移动到起始高度、开冷却液）

N40 G01 Z180 F100；

N50 MCALL CYCLE 83 (155, 150, 1, 5, 0, 100, , 20, 0, 0, 1, 0)；（调用钻孔循环）

N60 X80 Y60；

N70 X80 120；（孔位置坐标）

N80 MCALL；（取消循环）
N90 G0 Z200；（刀具移开）
N100 M5；（主轴停止）
N110 M30；（程序结束）

9.4.3 CYCLE85（铰孔）

铰孔是铰刀从工件孔壁上切除微量金属层，以提高其尺寸精度和孔表面质量的方法。对于较小的孔，相对于内圆磨削及精镗而言，铰孔是一种较为经济实用的加工方法。

执行该指令，刀具按编程的主轴转速和进给率钻孔直至达到定义的最后钻孔深度。刀具向内向外移动的进给率分别是参数 FFR 和 RFF 的值，如图 9-29 所示。

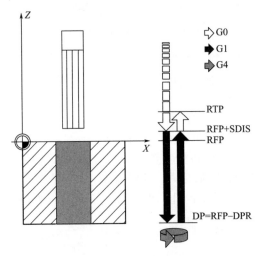

图 9-29　CYCLE85 循环

格式：CYCLE85（RTP，RFP，SDIS，DP，DPR，DTB，FFR，RFF）；
RTP：实数，返回平面（绝对值）。
RFP：实数，参考平面（绝对值）。
SDIS：实数，安全间隙（无符号输入）。
DP：实数，最后钻孔深度（绝对值）。
DPR：实数，相对于参考平面的最后钻孔深度（无符号输入）。
DTB：实数，最后钻孔深度时的停留时间（断屑）。
FFR：实数，进给率。
RFF：实数，退回进给率。

9.4.4 CYCLE84（刚性攻螺纹）

CYCLE84 可以用于刚性攻螺纹，使用该指令可以攻螺纹孔，刀具以编程的主轴转速和进给率钻孔，直至达到所定义的最后螺纹深度，如图 9-30 所示。

格式：CYCLE84（RTP，RFP，SDIS，DP，DPR，DTB，SDAC，MPIT，PIT，POSS，SST，SST1）

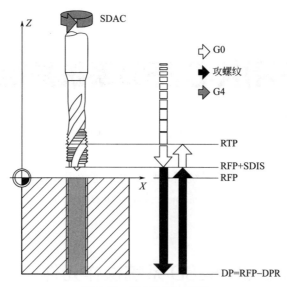

图 9-30　CYCLE84 循环

RTP：实数，返回退平面（绝对值）。

RFP：实数，参考平面（绝对值）。

SDIS：实数，安全间隙（无符号输入）。

DP：实数，最后钻孔深度（绝对值）。

DPR：实数，相对于参考平面的最后钻孔深度（无符号输入）。

DTB：实数，到达螺纹深度时的停留时间（断屑）。

SDAC：实数，循环结束后的旋转方向，数值为 3、4 或 5（用于 M3、M4 或 M5）。

MPIT：实数，螺距作为螺纹尺寸（有符号），数值范围为 3（用于 M3）～48（用于 M48），符号决定了在螺纹中的旋转方向。

PIT：实数，螺距作为数值（有符号），数值范围为 0.001～2000.000mm，符号决定了在螺纹中的旋转方向。

POSS：实数，循环中定位主轴停止的位置 [以（°）为单位]。

SST：实数，攻螺纹速度。

SST1：实数，返回速度。

第10章
SINUMERIK 828D系统数控机床操作

了解 SINUMERIK 828D 数控系统用户操作界面是学习和使用该系统的基础。其操作界面以独特的方式展示了系统的强大功能，并引导操作者轻松地完成对机床的控制和加工程序的编辑工作。

10.1　SINUMERIK 828D 系统操作元件

SINUMERIK 828D 数控系统操作面板由薄膜键盘（包括8+4 个水平和 8 个垂直软键）、彩色显示屏（10.4″显示屏）、操作面板正面 USB、CF 卡和以太网端口、完全集成的 QWERTY CNC 键盘等操作元件构成，面板布局如图 10-1 所示。

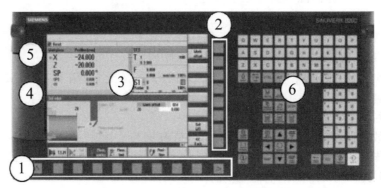

图 10-1　SINUMERIK 828D 数控系统的操作面板布局

① 带有 4 个屏幕键（左右两侧各 2 个）的水平软键栏（HSK）。

② 垂直软键栏（VSK）。

③ 10.4″ TFT 彩色显示屏。

④ 可拆卸保护盖后前面板上的 USB、CF 卡和以太网端口。

⑤ 可锁及可拆卸保护盖后的准备就绪状态 LED 指示灯（红色/绿色状态）、数控状态 LED 指示灯（数控装置状态 LED 指示灯）和 CF 卡状态 LED 指示灯（CF 卡读写访问指示灯）。

⑥ 集成 QWERTY CNC 键盘。

10.1.1　软键栏和屏幕区域

（1）水平和垂直软键栏（HSK/VSK）

软键是一些与编程设置的功能动态连接的按钮。这些功能在屏幕上显示为水平软键栏（HSK）上方或垂直软键栏（VSK）左侧的一串按钮。

8 个水平软键用于访问各个操作区域，包括子菜单。每一个水平菜单点都有一个关联的垂直菜单栏/软键栏。

8 个垂直软键是与当前选定水平软键关联的功能。按下垂直软键时即调用功能。因此如果选择选定功能的某个子功能，垂直软键栏的内容会相应改变。

水平软键栏还包括如下 4 个屏幕键。

![M MACHINE]："加工"键：调用操作区域"加工"（在"JOG""MDA"或"AUTO"运行方式中）。

![∧]："回调"键：跳转至下一个最高菜单级别。

![>]："扩展"键：扩展水平软键栏。

![MENU SELECT]："选择菜单"键：调用操作区域选择的主菜单。

（2）屏幕区域

SINUMERIK 828D 数控系统操作面板屏幕区域布局如图 10-2 所示。

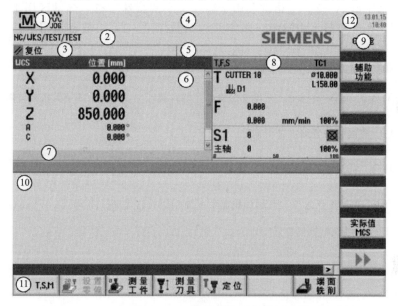

图 10-2　SINUMERIK 828D 数控系统操作面板屏幕区域布局

① 操作区域。

② 程序路径和名称。

③ 状态、程序作用和程序名称。

④ 报警和信息显示行。

⑤ 通道操作信息。

⑥ 轴的位置读数。

⑦ 激活零点和旋转的显示。

⑧ 显示：T 为激活刀具；F 为当前进给速度；S 为实际主轴转速，还有主轴负载百分比系数。

⑨ 垂直软键栏（VSK）。

⑩ 工作窗口。

⑪ 水平软键栏（HSK）。

⑫ 日期和时间。

10.1.2 CNC 全键键盘

根据所用的操作面板，用于操作和编程的 CNC 全键键盘可集成在机床的操作面板中，图 10-3 所示为一种 CNC 全键键盘。

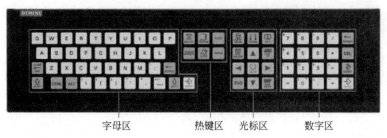

图 10-3　CNC 全键键盘

字母区包括字母 A～Z、空格键和用于输入文字的特殊字符，热键区用于直接选择操作区，光标区用于在屏幕显示中导航，数字区包括数字 0～9、小数点和用于输入数字字符与运算符的特殊字符。

字母区中的按键如下。

：BACKSPACE，清除输入字段中的值。在编辑模式中，光标前的字符将被清除。

：TAB，将光标位置缩进若干字符。

：SHIFT，如果按住 SHIFT 键，将输入双字符键的上部字符。

：CTRL，在工作计划与 G 代码编辑器中可使用组合键 CTRL＋NEXT WINDOW（跳至开始位置）和 CTRL＋END（跳至结束位置）

：ALT，ALT 键。

：INPUT，接收编辑值、开/关目录、打开文件。

热键区中的按键如下。

：MACHINE，打开操作区域"加工"（在"JOG""MDA"或"AUTO"运动方式中），相当于黄色的 HSK 1"加工"。

：PROGRAM，打开操作区域"程序"，相当于黄色的 HSK 3"程序"。

：OFFSET，打开操作区域"参数"（刀具清单、刀具磨损、刀库、零偏、用户变量、设定数据），相当于黄色的 HSK 3"参数"。

：PROGRAM MANAGER，打开操作区域"程序管理器"，相当于黄色的 HSK 4"程序管理器"。

：ALARM，打开实际报警清单窗口，相当于操作区域"诊断"中的 VSK 1"报警清单"。

：CUSTOM，该键由机床制造商自定义，参见机床制造商的相关文档。

光标区中的按键如下。

⊖ ALARM CANCEL：ALARM CANCEL，清除报警和信息显示行中标有该符号的激活报警。

↕ CHANNEL：CHANNEL，从 1～n 中选择一个通道。

ⓘ HELP：HELP，打开分区视图中上下文相关的帮助窗口。如果是在 G 代码编辑器中，则调用包含编程说明并提供智能支持的帮助文档。

⊞ NEXT WINDOW：NEXT WINDOW，在实际工作窗口中激活下一个子窗口。按 G 代码编辑器窗口中的"CTRL+ NEXT WINDOW"，即可跳转至程序代码的第一行。

PAGE UP　PAGE DOWN：PAGE UP 或 PAGE DOWN，在目录或者工作计划中翻页。

END：END，将光标置于参数窗口中的最后一个输入字段。在 G 代码编辑器中，光标将置于活动行的末尾，按 STRG+END 后光标跳转至程序最后一行的末尾。

◀ ▶ ▲ ▼：光标键，移至屏幕中各个不同的字段或者行。在程序列表中，"光标向右"键可打开一个目录或者程序。如需切换到当前级别的上一级，按"光标向左"键。

◯ SELECT：SELECT，可用于在多个选项中进行选择。

数字区中的按键如下。

← BACKSPACE：BACKSPACE，清除活动的输入字段中的值。在编辑模式中，只清除光标前的字符。

DEL：DEL，清除参数字段中的值。在编辑模式中，只清除光标后的字符。

◈ INSERT：INSERT，激活插入模式或者袖珍计算器。打开输入字段中的参数菜单。

◈ INPUT：INPUT，接收编辑值、开/关目录、打开文件。

10.1.3　标准西门子机床控制面板

根据操作面板的类型，机床制造商可能使用 SIEMENS 或其自己的机床控制面板操作机床。图 10-4 所示为标准西门子机床控制面板。

图 10-4　标准西门子机床控制面板

机床控制面板上的按键及其功能如下。

：急停键，在出现紧急情况时使用该键，即遇到生命危险或可能损坏机床/工件时，将采用最大制动转矩制动所有驱动装置。关于使用急停键可能造成的其他影响，可参考机床制造商的相关文档。

：RESET，使机床停止执行当前运行的程序，数控装置与机床保持同步，现在已进入基本准备就绪状态，可开始执行程序；清除激活报警。

：JOG，选择"JOG"运行方式。

：TEACH IN，在与机床的交互模式中编写程序。

：MDA，选择"MDA"运行方式（自动机床数据）。

：AUTO，选择"Machine Auto"运行方式。

：SINGLE BLOCK，逐段（单个程序段）运行程序。

：REPOS，重新定位和重新接近轮廓。

：REF. Point，接近参考点。

[VAR]（变量 JOG 步长），以可变步长移动一段增量尺寸距离。

1　10　100　1000　10000：INC（增量 JOG 步长），以 1～10000 倍增量值的指定步长移动一段增量尺寸距离，增量步长的实际长度取决于机床基准。参见机床制造商的相关文档。

：CYCLE START，开始程序运行。

：CYCLE STOP，停止程序运行。

X　Y　Z　4 6th Axis　5 6th Axis　6 6th Axis：轴按键，轴（X，Y，Z，4，5，6）选择（其余数字键略）。

—　+：方向键，沿正向或反向移动轴。

：RAPID，以快速行程速度移动轴（最快速度）。

：WCS MCS，在工件坐标系（WCS）与机床坐标系（MCS）之间切换。

：进给/快进倍率，用于增减编程设定的进给速度。编程设定的进给速度表示为 100%，可在 0～120%范围内变化，但在快速行程中最高只能达到 100%。新的调节值在屏幕进给状态的显示部分中显示为绝对值和百分比值。

：FEED STOP，停止当前正在运行的加工程序，应停止机床轴。

：FEED START，从当前程序段继续运行程序并将进给速度提高到设定值。

钥匙开关：位置 0，无按键，访问级 7。

钥匙开关：位置 1，按键 1-黑色，访问级 6。

钥匙开关：位置 2，按键 1-绿色，访问级 5。

钥匙开关：位置 3，按键 1-红色，访问级 4。

最低访问级
↓
提高访问权限
↓
最高访问权限

其他访问权限（访问级 3～0）可通过密码访问。

10.2　SINUMERIK 828D 系统基本操作

10.2.1　开机操作

（1）电源总开关的操作

电源总开关有 ON 位置和 OFF 位置，当电源总开关旋到 ON 位置时，机床通电，当电源总开关旋到 OFF 位置时，机床电源被切断。

（2）机床操作前、后应执行的步骤

① 操作前应执行的步骤。

a. 确认机床处于正常状态；检查润滑油箱是否装足润滑油。

b. 将电气控制柜的总电源开关板到 ON。

c. 按下操作箱上的 NC 系统电源 ON 开关。

d. 系统启动后，解除急停，按一下复位键（RESET），再按一下进给使能键（FEED START）和主轴使能键（SPINDLE START）。

② 操作后应执行的步骤。

a. 移动 X、Y、Z 轴至中间位置、坐标轴、刀库、主轴均已停止运行。

b. 首先按下急停开关，再按下操作箱上的 NC 系统电源 OFF 开关。

c. 将电气控制柜的电源开关扳至 OFF 位置，如果要重新将该电源开关扳至 ON 位置，需间隔数秒以上的时间。

10.2.2　手动界面操作

在加工 ![M MACHINE] 界面下，选择手动 ![JOG]，可以进行换刀、转动主轴、切换坐标、执行单个 M 代码和切换加工平面并进行分中和对刀长。

（1）TSM 功能

① 如图 10-5 所示，直接在 T 后面的编辑框输入刀具名称或点击"选择刀具"进行刀具

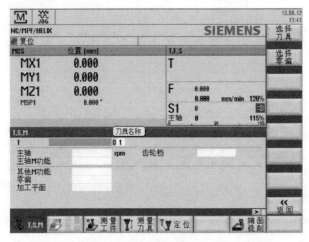

图 10-5　MACHINE 界面下 JOG 手动操作

选择，按下程序启动键，可以直接进行换刀动作。

② 在主轴后面直接输入转速，并在主轴 M 功能选择运行方式，按下程序启动键可以运转主轴，主轴 M 功能如图 10-6 所示，分别是正转、反转、停止和定位，在其他 M 功能编辑框里，能够执行除了主轴 M 功能之外的所有其他 M 功能。

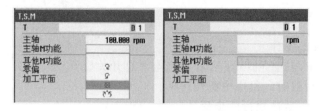

图 10-6　主轴 M 功能、其他 M 功能

③ 零偏功能可以快速地选择工件坐标系对刀，加工平面功能可以快速选择加工平面，如图 10-7 所示。

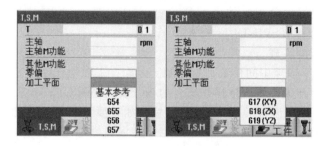

图 10-7　零偏、加工平面选择

（2）对刀分中

查看图 10-8 所示的实际值窗口下方的工件坐标是否生效。

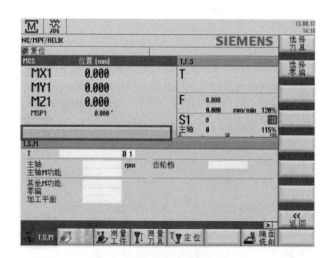

图 10-8　实际值窗口下方工件坐标

一般用 G54 坐标进行加工，在零偏选择 G54 按程序启动，坐标窗口下方出现图 10-9 所示 G54 的标示。

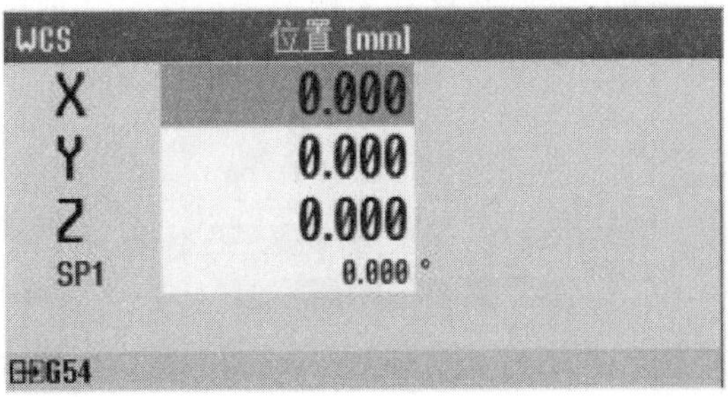

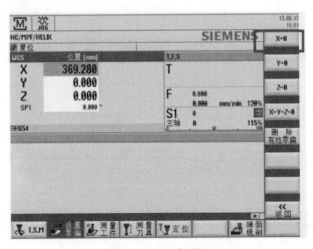

图 10-9　G54 标示

按下 [⊕ WCS MCS] 切换到 WCS 坐标，确保存取等级在钥匙开关 3 或以上，这时设置零偏的软键会被激活，如图 10-10 所示。

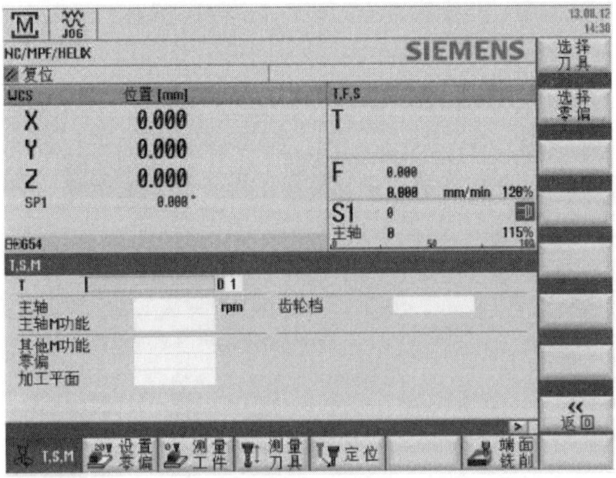

图 10-10　激活零偏设置软键

将 X 轴移到工件的左侧面，进入设置零偏菜单，按下 X＝0，将 X 坐标清零，如图 10-11 所示。

图 10-11　X 向对刀

将 X 轴移到工件的另一端，再进入设置零偏菜单，按下＝键调出计算机，输入/2，然后按两下 INPUT 键接收，此时就完成了 X 向的分中，如图 10-12 所示。

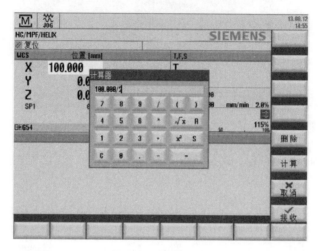

图 10-12　X 向分中

可以通过按下 OFFSET 键，然后选择 零偏 ，再选择 G54… G57 ，如图 10-13 所示，查看自动分中的数据是否输入到零偏。

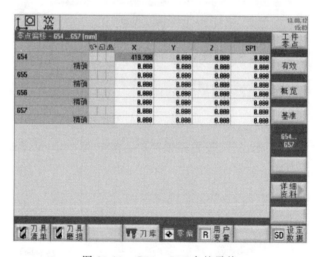

图 10-13　G54～G57 中的零偏

Y 向分中方法和 X 向一致，重复以上动作即可完成 Y 向的分中。

（3）测量刀具

用刀具将工件表面铣平，通过手动刀具测量，将当前位置设置到刀长中，完成第一把刀的长度测量。如图 10-14 所示点击"测量刀具"→"手动长度"，如图 10-15 所示点击"设置长度"，完成对刀，如图 10-16 所示，当前相对坐标清零。

在台虎钳上选择一个固定点，使用对刀棒来校正固定点。将 Z 轴下移到差不多一个对刀棒的距离，用刀棒在刀尖下面来回滚动，确认刀尖到固定点恰好等于刀棒的距离，然后通过系统校准固定点的功能，将固定点设进系统，作为下一把刀的对刀基准，如图 10-17、图 10-18 所示。

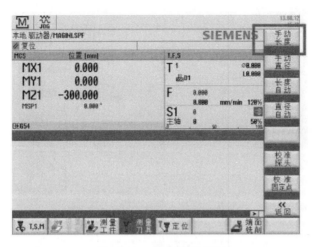

图 10-14　手动测量刀具

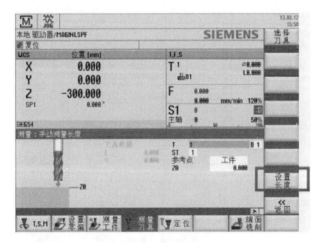

图 10-15　设置刀具长度

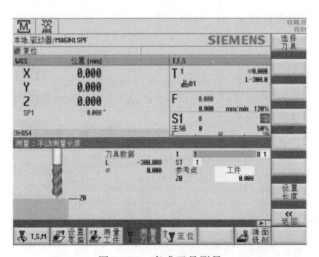

图 10-16　完成刀具测量

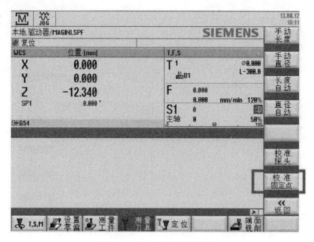

图 10-17 校准固定点

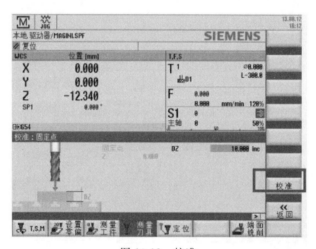

图 10-18 校准

固定点校正完成后，Z 轴会有值在里面，到时可以用这个值来测量其他刀长。回到 TSM 界面，在 T 编辑框直接输入 2，调出 T2 来测量，如图 10-19 所示。在刀具测量界面

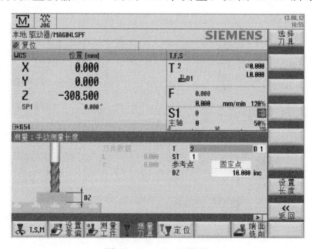

图 10-19 T2 刀测量

中，还是选择"手动长度"，这是用固定点滚刀法测量刀长，参考点必须改成固定点，按下 SELECT 键或 INS 键在下拉菜单中选择固定点，然后根据刀把直径填入 DZ。

长度设置完成后，当前坐标和固定点的坐标是一致的，完成刀具测量，其他刀具依此类推。

（4）执行加工程序

按下 PROGRAM MANAGER 键，跳到程序管理器，可以在 NC/CF 卡/USB 中选择程序来加工，如图 10-20 所示。

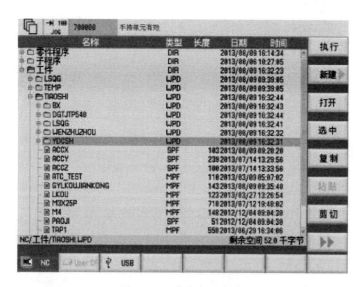

图 10-20　执行加工程序

使用右边的软键或 INPUT 键打开程序，选择如图 10-21 下方所示的执行。

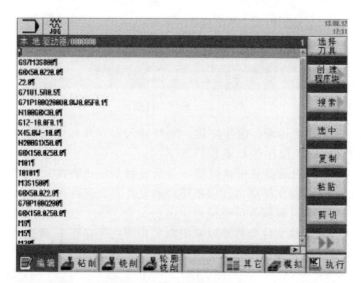

图 10-21　执行程序

系统自动转到自动模式，按程序启动键执行，如图 10-22 所示。

第一次运行程序时，要先将进给倍率打到 0，然后慢慢加大，直到下刀无误后才能打到

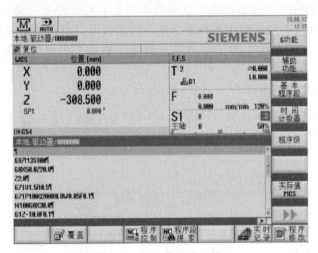

图 10-22 程序自动执行模式

100％进行加工。

(5) 常用快捷键

① Ctrl＋P：截屏快捷键。截屏文件路径如图 10-23 所示。

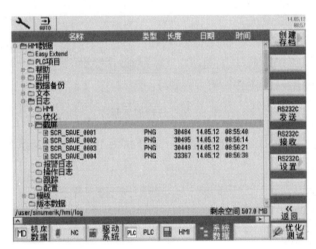

图 10-23 截屏文件路径

② Ctrl＋Alt＋D：整机诊断备份快捷键。需要插入留有几兆空间的用户 U 盘，诊断文件会自动以系统命名文件夹保存在 U 盘根目录下。

③ Ctrl＋Alt＋S：整机调试备份快捷键（备份文件为 ard 格式）。需要插入留有几十兆空间的用户 U 盘，调试备份文件会自动以系统命名文件方式保存在 U 盘根目录下。

④ Ctrl＋Alt＋C：整机调试备份快捷键（备份文件为 arc 格式）。需要插入留有几十兆空间的用户 U 盘，调试备份文件会自动以系统命名文件夹保存在 U 盘根目录下。

⑤ "＝"：在可编辑输入窗口按 "＝" 按键进入计算器。

⑥ Ctrl ＋C：复制。Ctrl ＋V：粘贴。Ctrl ＋A：全选。Ctrl ＋PAGE UP：光标移至文档开头。Ctrl ＋PAGE DOWN：光标移至文档结尾。Shift ＋PAGE UP：自光标处至文档开头部分。Shift ＋PAGE DOWN：自光标处至文档结尾部分。快捷键操作与电脑快捷键操作相同。

第11章
数控铣削加工实例

课题 1　铣削加工平面

加工零件时，通常都会碰到这样的情况：毛坯材料的表面凹凸不平，比较粗糙，需要先加工出一个表面，作为定位装夹的基准面，然后再采用"互为基准"的原则，加工出另外的表面。本课题以铣削某平板的上表面为例，如图 11-1 所示。

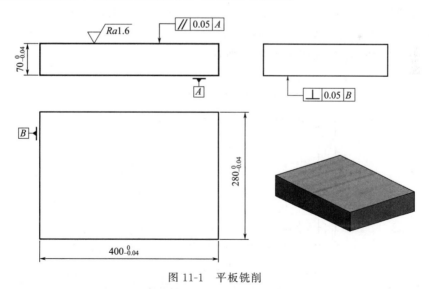

图 11-1　平板铣削

工艺分析

采用台虎钳装夹，下垫垫铁，用工件上表面的中心作为程序原点，对刀，建立工件坐标系 G54，刀具"弓"字形来回加工。

工艺卡片

机床:数控铣床			加工数据表				
顺序	加工内容	刀具	刀具类型	主轴转速 /(r/min)	进给速度 /(mm/min)	刀具半径 补偿	刀具长度 补偿
1	平面铣削	T01	ϕ120mm 的 5 刃端铣刀	450	100	无	无

NC 加工程序

```
        O21；
    N10  G90 G54 M03 S450；（设定主轴工作状态）
    N15  G0 X280.Y-110.；（水平方向定位，刀具移出毛坯外，便于下刀）
    N16  Z100.；
    N17  Z2.；
    N20  Z-1.0；（切深 1mm）
    N30  G91 G01 X-420.0 F100；（水平方向第一次进刀）
    N40  Y90.0；（Y 向步进）
    N50  X420.0；（水平方向第二次进刀）
    N60  Y90.0；
    N70  X-420.0；（水平方向第三次进刀）
    N80  X90.0；
    N90  X420.；（水平方向第四次进刀）
    N100  G00 Z180.0；（提刀）
    N120  M30；（程序结束）
```

技巧提示

"刀路设计"，即设定加工中的刀具按照怎样的路径走刀，是一个很重要的问题；手工编程需要画出分析图形，或者借助 CAD/CAM 应用软件，分析刀路，找出编程过程中需要的点坐标，这些点是编写数控程序的基础，这是熟悉数控程序必需的过程，也是采用 CAM 软件编程的基础。本例的刀路设计如图 11-2 所示。

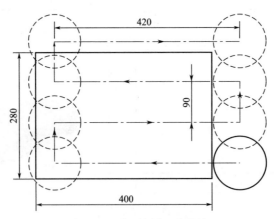

图 11-2　平面铣削刀路设计

课后练习

将上例中的相对坐标编程改为绝对坐标编程。

课题 2　铣削加工"8"字形密封槽

某零件上表面带一由两个圆环相连形成的"8"字形密封槽,如图 11-3 所示,槽深 3mm,材料为铸锌合金,编写加工程序。

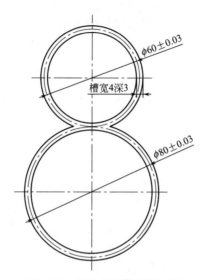

图 11-3　"8"字形密封槽加工

工艺分析

由于此零件加工公差为 0.06mm,可采用键槽铣刀直接从工件原点正上方下刀,铣削加工轮廓,一把刀完成加工。

简化加工模型,在一块 120mm×200mm×30mm 的板料上完成零件的加工,工件原点设在毛坯上表面的中心。

工艺卡片

机床:数控铣床				加工数据表			
顺序	加工内容	刀具	刀具类型	主轴转速 /(r/min)	进给速度 /(mm/min)	刀具半径补偿	刀具长度补偿
1	外形铣削	T01	ϕ4mm 的 2 刃键槽铣刀	3000	250	无	无

NC 加工程序

```
        O0021;
  N10   G90 G54;(绝对编程,调用工件坐标系)
  N20   M03 S3000;(设定主轴工作状态)
  N30   G00 X0 Y0 Z100.0;(刀具在水平方向上定义到初始位置)
  N40   G01 Z2.0 F250;(刀具到达参考面高度)
  N50   Z-2.0 F20;(降刀,到切削层高度)
  N60   G03 I0 J30.0 F100;(加工小圆)
  N70   G02 I0 J-40.0;(全圆加工,只能用向量的方式定圆心)
  N80   G00 Z100.0;(提刀)
```

N90 M05;（主轴停转）

N100 G91 G28 Z0;（Z 轴返回参考点）

N110 G91G28 X0 Y0;（X、Y 轴返回参考点）

N120 M30;（程序结束，主轴停转，光标返回程序开头）

技巧提示

① 刀具从安全高度下刀到参考面高度的程序段是 N40 G01 Z2.0 F150，而不采用 G00 Z2.0，原因是 G00 的速度太快，G01 可以避免撞主轴。

② 加工完毕后回参考点先是 Z 轴返回，再是 X、Y 轴返回，避免提刀时刀具撞上工件或夹具。

课后练习

① 在 240mm×140mm×30mm 的平板上加工图 11-4 所示的"8"字形圆环，槽深 2mm，编写加工程序。

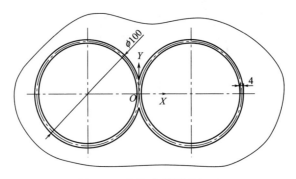

图 11-4 "8"字形圆环加工

② 在 150mm×100mm×30mm 的平板上加工图 11-5 所示的"五环"，编写加工程序。

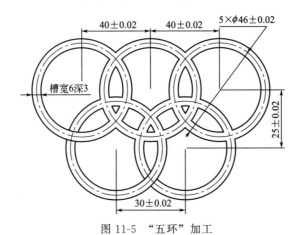

图 11-5 "五环"加工

课题 3 铣削加工 C 形凹槽

在 120mm×120mm×30mm 的 45 钢料（硬度为 28～32HRC）上铣削加工图 11-6 所示的 C 形凹槽，深 5mm，刀具为 ϕ12mm 的 4 刃高速钢铣刀，编写加工程序。

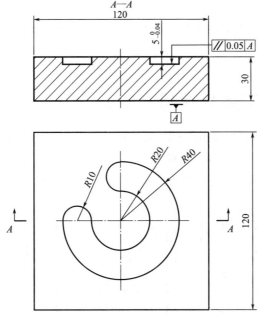

图 11-6　C形凹槽加工

训练内容

G02/G03 圆弧插补代码的使用。

工艺分析

台虎钳装夹，取工件上表面的中心为工件原点，采用螺旋式下刀。

工艺卡片

机床：数控铣床			加工数据表				
顺序	加工内容	刀具	刀具类型	主轴转速 /(r/min)	进给速度 /(mm/min)	刀具半径 补偿	刀具长度 补偿
1	型腔铣削	T01	ϕ12mm 的 4 刃立铣刀	680	150	无	无

NC 加工程序

```
O1；
G90 G54；
M03 S680；
G00 X0 Y34.0 Z100.0；（刀具水平方向定位到初始下刀位置）
Z5.0；
G1 Z0 F200；
G2 X-34.0 Y0 Z-5.0 R-34.0 F150；（螺旋式下刀）
X-26.0 R4.0；
G3 X0 Y26.0 R-26.0；
G2 Y34.0 R4.0；
X-34.0 Y0 R-34.0；（再次去除余量）
G0 Z150.0；
M30；
```

技巧提示

① 加工圆弧大于 180°，G2/G3 后面接的 R 为负；加工 360°的全圆时，只能采用向量 I、

J、K 的方式。

② 螺旋式下刀，会留下加工余量，故在程序结尾时编写 G2 X-34.0 Y0 R-34.0 将多余的余量去掉。

课题 4　铣削加工英文字母"CNC"

在长 460mm×160mm×50mm 的 45 钢板料（硬度为 28～32HRC）上铣削加工图 11-7 所示的英文字母，深 2mm，编写加工程序。

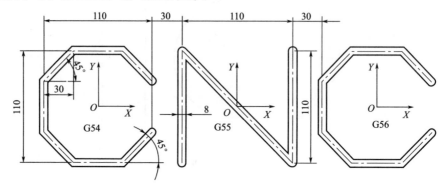

图 11-7　铣削加工英文字母"CNC"

训练内容

在一个加工程序中调用多个工件坐标系。

工艺分析

本工件的装夹和找正比较容易，为了编程方便，取每个字母的中心作为一个工件原点，所有的坐标均是相对于此原点给出。

字母的铣削深度较浅，可用 ϕ8mm 的球头刀直接铣出。

工艺卡片

机床：数控铣床				加工数据表			
顺序	加工内容	刀具	刀具类型	主轴转速 /(r/min)	进给速度 /(mm/min)	刀具半径补偿	刀具长度补偿
1	文字铣削	T01	ϕ8mm 的球头刀	1200	150	无	无

刀路设计

针对其中一个字母分析如下，节点坐标已经给出如图 11-8 所示，其他字母依此类推。

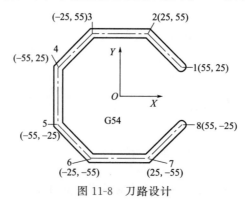

图 11-8　刀路设计

NC 加工程序

O0024;

N1;（加工第一个字母 C）

G90 G54 G40 G17 G49 G80;

M3 S1200;　　　　　　　　　　　　（数控程序开头部分都要进行机床初始状态的设定，工件坐标系的设定；并实现水平方向定位和 Z 向下刀，本例中用斜体表示）

G0 X55.0 Y25.0 Z100.0;

G1 Z2.0 F400;

Z-2.0 F20;

X25.0 Y55.0 F150;

X-25.0;

X-55.0 Y25.0;

Y-25.0;

X-25.0 Y-55.0;

X25.0;

X55.0 Y-25.0;

G0 Z100.0;

N3;（加工第二个字母 N）

G55 G0 X-55.0 Y-55.0;

G1 Z2.0 F400;

Z-2.0 F20;

Y55.0 F150;

X55.0 Y-55.0;

Y55.0;

G0 Z100.0;

N3;（加工第三个字母 C）

G56 G0 X55.0 Y25.0 Z100.0;

G1 Z2.0 F400;

Z-2.0 F20;

X25.0 Y55.0 F150;

X-25.0;

X-55.0 Y25.0;

Y-25.0;

X-25.0 Y-55.0;

X25.0;

X55.0 Y-25.0;

G0 Z100.0;

G91 G28 Z0;

G91 G28 X0 Y0;

M30;　　　　　　　　　　　　（数控程序的结束部分要抬高刀具，关停主轴和冷却液，进行刀具返回等操作，本例中用斜体表示。由于 M30 包含了冷却液和主轴的关闭，故只写 M30 即可）

技巧提示

G00、G01 等前面的 0 可以省略，写为 G0、G1 等，这样可提高手工编程的效率。

课题 5　铣削加工台阶

如图 11-9 所示，有一台阶状工件需要加工，材料为 45 钢，编程完成此工件的铣削加工。

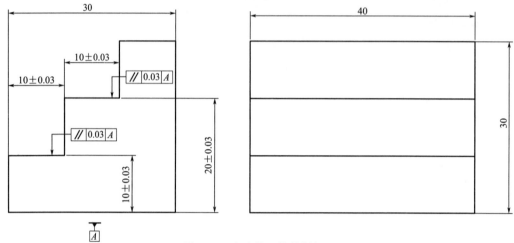

图 11-9　台阶状工件铣削加工

工艺分析

采用台虎钳装夹，取工件上表面的角点为程序原点。又本工件每个台阶的高度都是 10mm，需要分层加工，本例使用的铣刀伸出长度较短，刚性好，可以考虑每次切削时的背吃刀量为 5mm。

工艺卡片

机床:数控铣床				加工数据表			
顺序	加工内容	刀具	刀具类型	主轴转速 /(r/min)	进给速度 /(mm/min)	刀具半径补偿	刀具长度补偿
1	外形铣削	T01	ϕ12mm 的 3 刃立铣刀	700	80	无	无

刀路设计

刀路设计如图 11-10 所示。

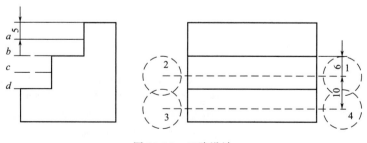

图 11-10　刀路设计

NC 加工程序

```
O0023;                            Y56.0;
N1；（加工 a 层，Z：-5mm）          X-10.0;
G90 G54;                          Y-56.0;
M03 S700;                         N3；（加工 c 层，Z：-15mm）
G00 X-16.0 Y-8.0 Z100.0;          Z-5.0;
Z2.0;                             Y56.0;
G1 Z-5.0 F200;                    N4；（加工 d 层，Z：-20mm）
G91 Y56.0 F80;                    Z-5.0;
X-10.0;                           Y-56.0;
Y-56.0;                           G00 Z100.0;
N2；（加工 b 层，Z：-10mm）          G91 G28 Z0;
X10.0;                            X0 Y0;
Z-5.0;                            M30;
```

技巧提示

本程序没有采用半径补偿编写，故要考虑刀具半径的实际大小。且为了提高编程效率，并不是每一单节前面都书写了程序段号，而是用程序段号标示加工工序。

课后练习

在 80mm×60mm×40mm 的毛坯上加工图 11-11 所示的台阶，编写加工程序。

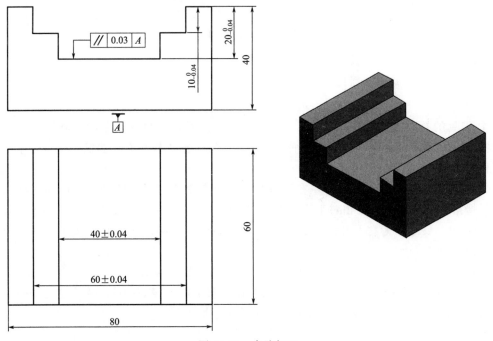

图 11-11　台阶加工

课题 6　带刀具半径补偿时的编程

已知毛坯为 80mm×60mm×25mm 的 45 钢，加工图 11-12 所示凸台，编写加工程序。

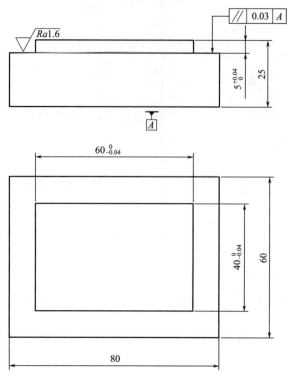

图 11-12 凸台加工

训练内容

G41、G42 的正确使用。

相关知识

① 刀具的补偿在铣削编程中分为半径补偿和长度补偿。自动编程时刀路设计完全由计算机完成，没有必要使用半径补偿；而手工编程计算刀路比较复杂，为简化编程，水平方向常要使用半径补偿。

② 刀补方向的判定可以使用左右手法则。伸出左手或右手，四指的方向为刀具前进的方向，拇指的方向表示刀具相对于工件保留部分的位置，如果这个位置和左手一致，及为左刀补（G41），反之则为右刀补（G42），前提是手心的朝向必须和垂直于加工平面的第三根轴的方向一致。

工艺分析

本工件的装夹和找正比较容易，为编程方便，取工件上表面的中心作为工件原点。由于台阶只有 5mm 高度，深度方向可以采用立铣刀直接加工到位。

工艺卡片

机床:数控铣床				加工数据表				
顺序	加工内容	刀具	刀具类型	主轴转速 /(r/min)	进给速度 /(mm/min)	刀具半径补偿	刀具长度补偿
1	外形铣削	T01	ϕ18mm 的立铣刀	500	80	D01(9.0mm)	无

刀路设计

在工件外面一点下刀，然后沿着外形轮廓走刀，注意使用 G41 左刀补时，加工效果相当于顺铣，反之，相当于逆铣，加工刀具路径如图 11-13 所示。

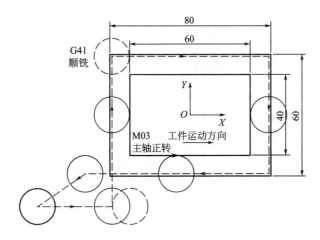

图 11-13　加工刀具路径

NC 加工程序

```
O0041；
G90 G54；（设定加工初始状态）
M3 S500；
M08；（冷却液开）
G0 X-70.0 Y-60.0 Z100.0；（刀具定位到安全面高度）
G1 Z2.0 F150；
Z-5.0 F20；（刀具到切削层高度）
G41 X-30.0 D01 F80；（D01 为 9.0mm）（加左刀补）
Y20.0；
X30.0；
Y-20.0；
X-50.0；
G40 X-70.0 Y-60.0；（取消刀补，返回初始位置）
G0 Z100.0；（设定加工结束状态）
M05；
M09；
G91 G28 Z0；
G28 X0 Y0；
M30；
```

技巧提示

本例中采用了左刀补 G41，加刀补是在完成了 Z 轴的移动后再在水平方向加上刀具半径补偿的；如果编程时加刀补后，接下来的两个程序单段都是 Z 轴的移动，或者刀具不移动，会产生图 11-14 所示的过切现象。

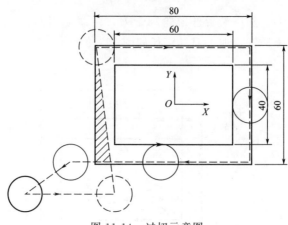

图 11-14　过切示意图

过切程序

```
O1041；
G90 G54；（设定加工初始状态）
M3 S650；
M08；
G0 X-70.0 Y-60.0 Z100.0；（刀具定位到安全面高度）
G41 X-30.0 D01 F80；（D01 为 9.0mm，加刀补后接着两段均是Z轴的移动）
G1 Z2.0 F150；
Z-5.0 F20；
Y20.0 F120；（在水平面内切削）
X30.0；
Y-20.0；
X-50.0；
G40 X-70.0 Y-60.0；
G0 Z100.0；（设定加工结束状态）
M05；
M09；
G91 G28 Z0；
G91 G28 X0 Y0；
M30；
```

分析讲解

　　刀具半径补偿的建立是在该程序段的终点亦即下一个程序段的起点作出一个偏置量，大小等于 D __ 中制定的数值，方向由 G41/G42 规定。建立刀补时，NC 系统会预先读入以后的两个单节用于判断偏置量的方向，由于上述程序加刀补后的两个单段均为 Z 轴的移动，系统无法获取偏置量的正确方向作出偏置量，故将使刀具中心直接运动到目标点，产生过切。

课题 7　局部工件坐标系的建立与子程序的调用

　　加工图 11-15 所示的孔系，毛坯为 180mm×180mm×15mm 的 45 钢，编写加工程序。

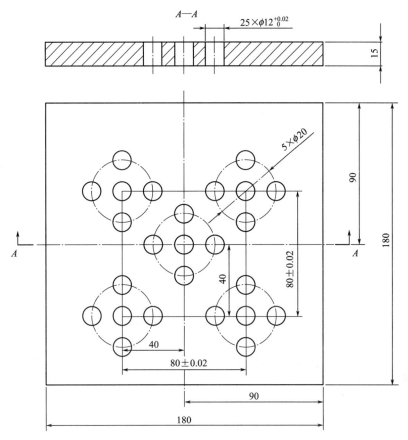

图 11-15 孔系加工

相关知识

① 建立局部坐标系指令（G52）用于将原坐标系中分离出数个子坐标系统。其指令格式为 G52 X＿ Y＿，X、Y 的定义是原坐标系程序原点到子坐标系程序原点的向量值，G52 X0 Y0，表示恢复到原坐标系。

② 在主程序中，调用子程序指令为 M98，子程序返回指令为 M99。

工艺分析

采用台虎钳或压板装夹，下面垫垫铁；取工件上表面的中点作为程序原点，再建立四个局部工件坐标系。

工艺卡片

机床:数控铣床			加工数据表					
顺序	加工内容	刀具	刀具类型	主轴转速 /(r/min)	进给速度 /(mm/min)	刀具半径 补偿	刀具长度 补偿
1	钻孔	T01	ϕ11.8mm 钻头	420	30	无	无
2	铰孔	T02	ϕ12mm 铰刀	120	20	无	无

NC 加工程序

O1；（用同一程序先装钻头，再装铰刀进
行加工，z 向要重新对刀）

G90 G54 M3 S420；（铰孔时转速为 120r/min）
G0 X0 Y0；

```
Z100.0;
    Z2.0;
    M98 P2；（加工中央孔系）
    G52 X-50.Y50.；（加工左上角孔系）
    G0 X0 Y0；
    M98 P2；
    G52 X50.Y50.；（加工右上角孔系）
    G0 X0 Y0；
    M98 P2；
    G52 X-50.Y-50.；（加工左下角孔系）
    G0 X0 Y0；
    M98 P2；
    G52 X50.Y-50.；（加工右下角孔系）
    G0 X0 Y0；
    M98 P2；
    G52 X0 Y0（取消局部工件坐标系）
    G0 Z180.；
    M30；
```

```
O2；（单个孔系加工子程序，铰削时进给
速度改为 20mm/min）
    G1 Z-20.F30；
    G0 Z2.；
    X-20.Y0；
    G1 Z-20.F30；
    G0 Z2.；
    X0 Y20.；
    G1 Z-20.F30；
    G0 Z2.；
    X20.Y0；
    G1 Z-20.F30；
    G0 Z2.；
    X0 Y-20.；
    G1 Z-20.F30；
    G0 Z2.；
    M99；
```

课后练习

分别用 R5 和 R4 的立铣刀加工图 11-16 所示的工件，毛坯为 120mm×120mm×20mm 的方料，编写加工程序。

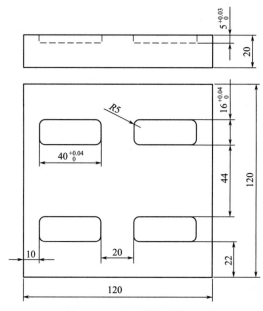

图 11-16　型腔类零件加工

课题 8　子程序的嵌套

加工如图 11-17 所示的一块沟槽板，材料为 86mm×60mm×20mm 的 45 钢板料，硬度为 28～32HRC，编写加工程序。

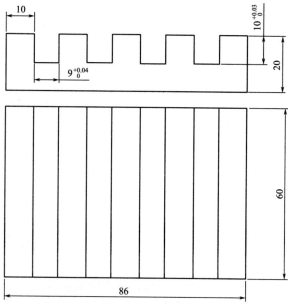

图 11-17　沟槽板加工

工艺分析

　　取工件上表面左下角顶点为工件原点，Z 向每次切深 2.5mm，分 4 次完成加工；水平方向 4 个槽的形状相同，也可以考虑调用子程序。

工艺卡片

机床:数控铣床			加工数据表				
顺序	加工内容	刀具	刀具类型	主轴转速/(r/min)	进给速度/(mm/min)	刀具半径补偿	刀具长度补偿
1	键槽铣削	T01	ϕ8mm 的 4 刃立铣刀	1200	120	无	无

刀路设计

　　刀路设计如图 11-18 所示。

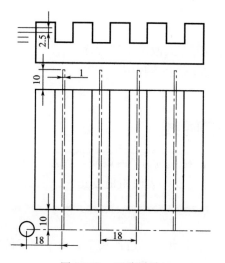

图 11-18　刀路设计

NC 加工程序

```
O0032;                                    O1032;
G90 G54；（设定加工初始状态）             G91 G1 Z-2.5 F20；（每次背吃刀量 2.5mm）
M3 S1200;                                 M98 P42032；（调用 4 次子程序 O2032）
G0 X-4.0 Y-10.0 Z100.0;                   X-76.0；（水平方向上务必返回初始位置）
G1 Z0 F120;                               M99;
M98 P41032；（调用 4 次子程序 O1032）
G90 G0 Z100.0；（设定加工结束状态）       O 2032;
M05;                                      G91 G1 X18.0 F120;
G91 G28 Z0;                               Y80.0;
G28 X0 Y0;                                X1.0;
M30;                                      Y-80.0;
                                          M99;
```

技巧提示

① 子程序中很多时候使用的都是相对坐标，要特别注意 G90 和 G91 的互换。

② 上述的加工工艺是按照"分层铣削"的方式进行的，即在一个切削深度上完成所有的水平面方向的加工再降刀铣削下一深度。此外还有一种"按深度铣削"的加工方式，即对一个加工区域完成所有深度上的铣削，再转到下一个区域进行铣削。

补充练习

```
O1；（利用宏程序改写）                    #2=#1+1.0;
G90 G54 G40 M3 S650;                      G91 G1 X18.0;
G0 X-4.0 Y-8.0 Z50.0;                     Y76.0;
Z0;                                       X=1.0;
#1=0;                                     Y-76.0;
WHILE［#1GT-10.0］DO1;                    END2;
#1=#1-0.5;                               G90 G0 X-4.0;
G1 Z#1 F400;                             END1;
#2=0;                                     G0 Z150.0;
WHILE［#2GT4.0］DO2;                      M30;
```

课后练习

① 用"按深度铣削"的加工方式改写上述程序。

② 用刀具半径补偿的方式改写上述程序。

课题 9　铣削加工螺旋线

有一圆柱类零件需要加工，材质为 45 钢调质，硬度为 180～230HB；零件和毛坯如图 11-19 所示，车削加工部分已经完成，表面粗糙度达 $Ra1.6\mu m$，要求加工出成品，在短期内交货。

工艺分析

圆柱类零件的装夹采用三爪卡盘，寻边器找正，由于加工的外形是螺旋线，可以通过数控铣床三轴联动圆弧插补的方式完成加工。

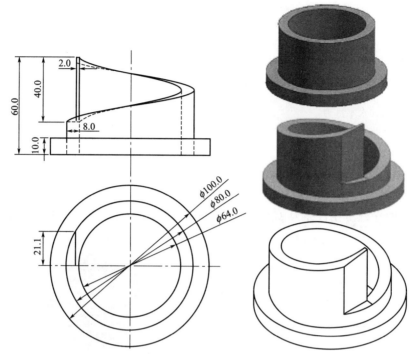

刀具从此处先水平切入再在螺旋线上进行切削

图 11-19　圆柱类零件加工

　　加工路线采用螺旋线，分两次从下往上对称铣削，铣刀的中心刚好落到壁厚的中线上，程序原点设在毛坯上表面的中心。特别注意刀具刚切入时，背吃刀量较大，需手工调整。

　　由于除了对螺旋线导程要求严格外，水平方向切入段无严格要求，故起刀点设在（-48.0，30.0），切到水平位时 Z 轴同时升高了 2mm（可在初次切削测量后再调整为合适的数值）。

工艺卡片

机床:数控铣床				加工数据表			
顺序	加工内容	刀具	刀具类型	主轴转速 /(r/min)	进给速度 /(mm/min)	刀具半径补偿	刀具长度补偿
1	轮廓铣削	T01	ϕ16mm 的 4 刃立铣刀	400	40	无	无

NC 加工程序

O1；

G90 G54；（绝对编程，调用工件坐标系，Z 轴的设定未采用长度补偿，设在 G54 中）

M03 S400；（受切削条件限制，最终选用的主轴转速较低）

G00 X-48.0 Y30.；［水平方向上定义到初始位置，X 为（40+8)mm，Y 大于（21.1+8)mm］

Z100.0；（刀具到达安全表面，注意观察刀具所处位置是否正确）

Z2.0；（刀具到达参考面高度，此段不是必需的，可省）

G1 Z-20.0 F500；（降刀，到第一次切削高度）

```
    Y0 Z-18.0 F30；（水平进刀，同时 Z 轴升高 2mm，注意放慢速度）
    X-36.0；（水平进刀，确定刀具中心落在壁厚的中线上）
    G3 Z38.0 I36.0 F40；（刀具用全圆加工的方式走螺旋线进行切削）
    G1X-48.0 Y30. F500；（水平定位）
    G1 Z-40.0；（降刀，到第二次切削高度）
    Y0 Z-38.0 F30；
    X-36.0；
    X36.0 F30；（水平进刀）
    G3 Z38.0 I36.0 F40；（第二次工进）
    G0 Z150.0；（提刀）
    M30；（程序结束，主轴停转，光标返回程序开头）
```

课后练习

用 ϕ12mm 的立铣刀在直径为 ϕ50mm 的棒料上加工图 11-20 所示盲孔，编写加工程序。

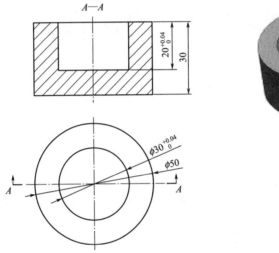

图 11-20　盲孔加工

相关知识

立铣刀底面的中心没有切削刃，直接下刀会造成干涉。在工件内部下刀时，应采用"螺旋式下刀"或"斜插式下刀"的工艺进行加工，手工编写时，要特别注意其相关参数。

① 螺旋式下刀：在图 11-21 所示直径为 ϕ20mm 的圆形范围内下刀，下刀的深度为 2mm，编写加工程序（铣刀用小圆表示，程序原点为大圆的中心，刀具初始位置为上表面的中心）。

```
    G90 G0 X5.0 Y0 F120；
    G02 Z-2.0 I-5.0 J0 K0 F30；
```

第二段也可写为

```
    G91 G2 Z-2.0 I-5.0 F30；
```

注意，为了避免刀具下表面非切削部分和工件发生干涉，下刀时的螺旋角应小于图 11-21 所示的铣刀下表面的夹角 ϕ。

② 斜插式下刀：同样对上述图形进行加工，采用斜插式下刀的工艺，如图 11-22 所示。

```
    G90 G0 X5.0 Y0；
    G91 G1 X-10.0 Y0 Z-2.0 F20；
```

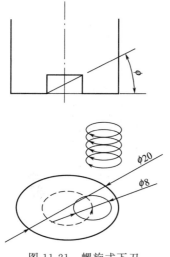

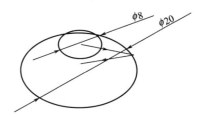

图 11-21 螺旋式下刀 　　　　图 11-22 斜插式下刀

课题 10 X-Z（G18）平面上的子程序调用

在 170mm×40mm×40mm 的方料上，用球头刀铣削图 11-23 所示的工件，材料为铝合金，编写加工程序。

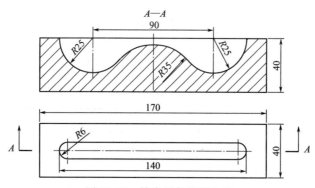

图 11-23 槽类零件铣削加工

训练内容

① G91 相对编程。

② G18 指令的使用。

③ 圆弧铣削方向和刀具半径补偿方向的判别。

④ 刀具路径的设计。

工艺分析

取工件上表面中心作为程序原点，球头刀 Z 向直接下刀，每次切深 2mm（要充分考虑所选用刀具加工时的强度，以此为准确定切深），分若干次完成，调用子程序。

① 圆弧加工方向判别如图 11-24 所示。

② 刀具半径补偿方向的判定，观察时，也要由垂直于加工平面的第 3 轴的正向向负向观察，故程序中使用了 G42。

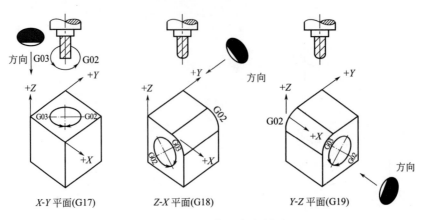

图 11-24　圆弧加工方向判别

③ 加工路线如图 11-25 所示。

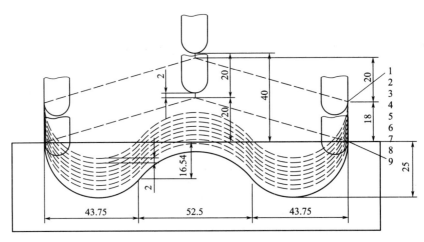

图 11-25　刀路设计

工艺卡片

机床:数控铣床			加工数据表				
工序	加工内容	刀具	刀具类型	主轴转速 /(r/min)	进给速度 /(mm/min)	刀具半径 补偿	刀具长度 补偿
1	槽铣削	T01	ϕ12mm 球头刀	2500	120	D01(6.0mm)	无

刀路设计

最后一次下刀高度为 20mm（任意给定合理值），Z 向上分 9 次完成切削，每次切削深度为 2mm，那么下刀初始高度为 $20+2+2×9=40$mm，通过 CAD 软件求出全部节点和距离，参看图 11-25。

NC 加工程序

```
O0033；(主程序)
G17 G40 G80 G90 G54；(设定加工初始状态)
M03 S2500；
```

G0 X0 Y0 Z40.0；（降刀到安全面高度，注意 Z 值的设定）

M98 P91033；（调用 9 次子程序，确保每次切削深度合理）

M05；

G17 G91 G28 Z0；（刀具返回参考点，加工结束）

G28 X0 Y 0；

M30；

O 1033；（子程序，设定每次切削的刀具轨迹）

G91 G01 Z-2.0 F50；（相对坐标，每次切深 2mm）

G18 G42 X-70.0 Z-26.0 D01 F120；（XZ 平面右刀补，Z 值为顶点下降高度）

G02 X43.75 Z-16.54 R25.0；（加工第 1 个圆弧，坐标值参见图 11-25）

G03 X52.5 Z0 R35.0；（加工第 2 个圆弧）

G02 X43.75 Z16.54 R25.0；（加工第 3 个圆弧）

G40 G01 X-70.0 Z26.0；（取消刀补，返回初始位置，坐标值参见图 11-25）

M99；（子程序返回）

课题 11 曲面的手动编程

加工图 11-26 所示零件的表面，毛坯为 80mm×320mm×30mm 的 45 钢，编写加工程序。

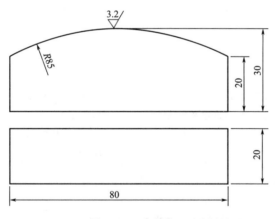

图 11-26 表面加工

训练内容

"行切法"的正确使用。

曲面加工一般都涉及三个以上的坐标轴，程序复杂，除了一些外形较简单的曲面外，基本上都采用 CAM 软件自动编程，本例主要介绍手工编程中的"行切法"。

"行切法"就是刀具在任两个坐标轴构成的平面内联动切削，而在第三个坐标轴上作等周期的移用，即 2.5 轴加工。

工艺分析

取工件上表面的左下角点作为程序原点，使用直径为 $\phi12$mm 的平底刀，采用"行切法"加工。

工艺卡片

机床:数控铣床				加工数据表			
顺序	加工内容	刀具	刀具类型	主轴转速 /(r/min)	进给速度 /(mm/min)	刀具半径 补偿	刀具长度 补偿
1	曲面铣削	T01	φ12mm 立铣刀	800	500	无	无

刀路设计

刀路设计如图 11-27 所示。

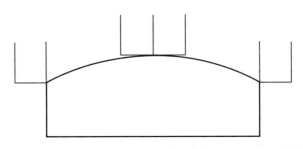

图 11-27　刀路设计

NC 加工程序

```
O1;                                    G1 X46. ;
G90 G54 G17 G40 M3 S800;               G3 X86. Z-10. R85. ;
G0 X-12.0 Y-6.0;                       #1=#1+1.0;
Z20. ;                                 G1 Y#1;
G1 Z-10. F500;                         G2 X46. Z0 R85. ;
X-6. ;                                 G1 X34. ;
#1=0;（设定Y向且削宽度为变量）         G2 X-6. Z-10. R85. ;
WHILE[#1LE26.0] DO1;（设定循环条件）    END1;
#1=#1+1.0;                             G17 G0 Z150. ;
G1 Y#1;                                M30;
G18 G3 X34.0 Z0 R85. ;
```

课后练习

将上述程序改写为调用子程序的方式进行编程。

课题 12　铣削加工圆台零件

在直径为 φ50mm 的棒料上铣削图 11-28 所示的工件，材料为 45 钢，硬度为 200～250HB，编写加工程序。

工艺分析

采用三爪卡盘装夹，取工件上表面的中心作为工件原点；由于刀具直径小，不能承受较大的力和力矩，故中央直径为 φ24mm 的全圆在深度方向上分两次铣出，每次铣 2.5mm；工件原点取在圆棒料上表面的中心。

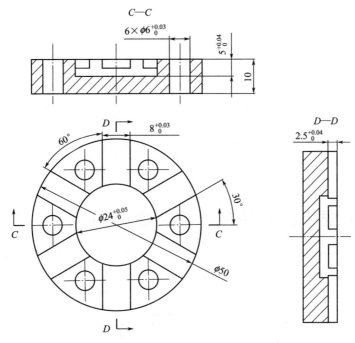

图 11-28　圆台零件铣削

工艺卡片

机床：加工中心				加工数据表			
顺序	加工内容	刀具	刀具类型	主轴转速/(r/min)	进给速度/(mm/min)	刀具半径补偿	刀具长度补偿
1	铣槽铣圆	T01	ϕ8mm 的立铣刀	560	100	D01(4.0mm)	H01
2	钻孔	T02	ϕ6mm 钻头	320	30	无	H02

NC 加工程序

```
O1;
G90 G17 G40 G54 M3 S560;（加工全圆）
G91 G28 Z0;
T1 M6;
G90 G0 X0 Y0;
G43 Z50. H01;
Z5.0;
G1 Z0 F80;
G41 X12.0 Y0 D01;
G3 Z-2.5 I-12.0;
G3 I-12.0;（由于螺旋下刀留有余量，
故还需铣一次全圆）
G40 G1 X0;
G41 X12.0 Y0 D01;
G3 Z-5.0 I-12.0;
G3 I-12.0;

G40 G1 X0;
G0 Z-2.5;
G16 G1 X40. Y30. F100;（加工方槽）
X0 Y0 F300;
X40. Y90. F100;
X0 Y0 F300;
X40. Y150. F100;
X0 Y0 F300;
X40. Y210. F100;
X0 Y0 F300;
X40. Y270. F100;
X0 Y0 F300;
X40. Y330. F100;
X0 Y0 F300;
G16 G0 Z100.;
G91 G28 Z0;
```

```
T2 M6;                                    Y120.0;
G90 G0 X0 Y0 M3 S320; (以下程序用于          Y180.0;
孔加工)                                      Y240.0;
G43 Z50. H02;                             Y300.0;
G98 G16 G81 X18.5 Y0 Z-10.0 R3.0 F30;     G80 G15 G0 Z150.;
Y60.0;                                    M30;
```

技巧提示

刀具直径较小，承受的力和力矩有限，故背吃刀量不能太大，立铣刀还可以采用高转速、大进给、小吃深的方式进行加工，需要调用子程序或使用宏程序。

课题 13 子程序和半径补偿相结合使用

已知毛坯为 80mm×60mm×25mm 的 45 钢，硬度为 200～250HB，加工图 11-29 所示的凸台，编写加工程序。

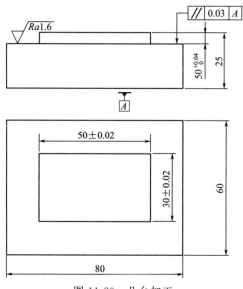

图 11-29 凸台加工

训练内容

利用改变不同的刀具半径补偿值的方法去除加工余量。

工艺分析

取工件上表面的中心作为工件原点，深度一次加工到位，水平方向留 0.2mm 的精修余量。

工艺卡片

机床：数控铣床				加工数据表			
顺序	加工内容	刀具	刀具类型	主轴转速 /(r/min)	进给速度 /(mm/min)	刀具半径 补偿	刀具长度 补偿
1	外形铣削	T01	ϕ12mm 的 4 刃立铣刀	800	100	D01(13.0mm)	无
2	外形铣削	T01	ϕ12mm 的 4 刃立铣刀	800	100	D02(6.2mm)	无
3	侧壁精修	T01	ϕ12mm 的 4 刃立铣刀	900	80	D03(6.0mm)	无

刀路设计

刀路设计如图 11-30 所示。

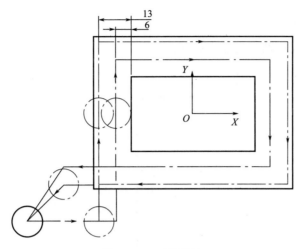

图 11-30 刀路设计

NC 加工程序

```
O0051;
G90 G54;（设定加工初始状态）
M3 S800;（精加工时转速调整为 900r/min）
M08;
G0 X-70.0 Y-60.0 Z100.0;
G1 Z2.0 F150;
Z-5.0 F20;（到达切削层深度）
D01;（D01 为 13.0mm）（通过刀补，除去最外层的余量）
M98 P1061;
D02;（D02 为 6.2mm）（通过刀补留 0.2mm 的精修余量）
M98 P1061;
/M00;（选择性执行，测量，调整刀补值，用于精修）
D03;（D03 为 6.0mm）（设定精加工补偿值）
M98 P1061;
G0 Z100.0;（设定加工结束状态）
M05;
M09;
G91 G28 Z0;
G28 X0 Y0;
M30;

O1061;（外形铣削子程序）
G41 X-25.0 F100;（精加工时进给速度调整为 80mm/min）
Y15.0;
X25.0;
Y-15.0;
X-50.0;
```

```
G40 X-70.0 Y-60.0;
M99;
```

相关知识

刀具补偿值的合理设定可参见图 11-31,从第 1 次和第 2 次能够完全加工刀位的极限位置进行判断,要充分保证两次刀路有相交的部分。

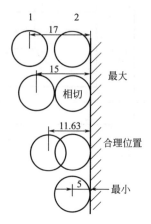

图 11-31 刀具补偿值的设定

课题 14 利用极坐标指令加工钻套

某工厂生产数台钻床,其中有几个钻套需要加工,现车削完毕,安排在加工中心完成图 11-32 所示孔的加工,编写加工程序。

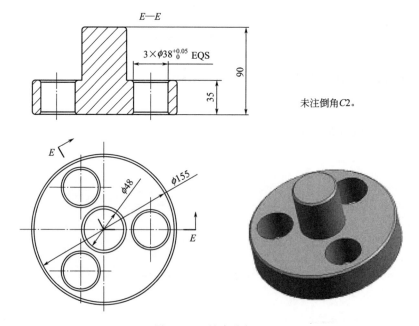

图 11-32 钻套孔加工

相关知识

　① G83 深孔钻削加工固定循环指令的使用。

　② G16、G15 极坐标指令的使用。G16 为设定极坐标指令，在 G17 规定的加工平面内，后面的 X 表示极轴长度，Y 表示极轴角度，从 X 轴正向看，顺时针为负，逆时针为正，Z 轴不受其影响，G15 为取消极坐标恢复直角坐标指令。

工艺分析

　装夹时需用三爪卡盘卡住底部的圆柱体，取上表面的中心作为工件原点。由于对孔的位置精度和形状精度要求较高，考虑到现有的加工条件，采用钻、镗的工序进行加工，而且从便于排屑角度考虑采用啄孔式加工。

工艺卡片

机床：加工中心			加工数据表			
顺序	加工内容	刀具	刀具类型	主轴转速 /(r/min)	进给速度 /(mm/min)	刀具长度补偿
1	钻削	T01	φ37.5mm 的钻头	400	30	H01
2	镗削	T02	φ38mm 的镗刀	500	30	H02

NC 加工程序

```
O0081;
G90 G54 T01;（设定加工初始状态）
M3 S400;
G16 G0 X50.0 Y-120.;（采用极坐标指令，极轴长 50mm，角度为 -120°）
G43 Z100.0 H01;（调长度补偿，不设基准刀时，也可把 Z 轴对刀的补偿量输入）
M98 P81;（调用子程序）
M05;
G91 G28 Z0;
G28 X0 Y0;
T02 M06;（换镗刀）
G90 M3 S500;
G00 X50.0 Y-120.0;
G43 Z100.0 H02;（调镗刀长度补偿值）
M98 P81;
G15;（取消极坐标）
M05;（设定加工结束状态）
G91 G28 Z0;
G28 X0 Y0;
M30;


O 81;
G98 G83 Z-42.0 R5.0 Q8.0 F30;（采用深孔钻削加工）
Y120.0;
Y0;
G0 Z100.0;
M99;
```

课题 15　加工内弧线下连杆

现有一批零件，如图 11-33 所示，毛坯为铸件，对两个孔进行加工，内孔不能有一丝划痕，表面粗糙度 Ra 要求为 $1.6\mu m$。

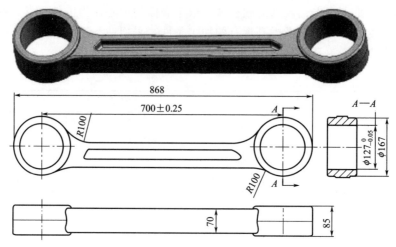

图 11-33　内弧线下连杆加工

工艺分析

① 批量生产，要能保证快速定位，且确保加工时的精度，因毛坯差别较大，很难设计出一套能使工件经一次装夹后就无需找正的专用夹具。设计的夹具为两个 3/4 圆形垫块（图 11-34），配合压板进行装夹，充分利用了两孔的位置精度较高，但壁厚为自由公差的特点，采用人工微调的方法进行找正。

图 11-34　3/4 圆形垫块

② 程序原点设在左边孔上表面的中心。

③ 加工的难点在于镗刀的调整和修磨，并且在加工过程中要实时测量调整；由于是铸件，毛坯中可能存在砂眼，很容易发生打刀；当精加工余量较大时，加工完毕后会出现缩孔的现象，造成废品，所以精加工余量留 0.03mm 左右为佳。

工艺卡片

机床：加工中心				加工数据表		
顺序	加工内容	刀具	刀具类型	主轴转速 /(r/min)	进给速度 /(mm/min)	刀具长度补偿
1	粗镗	T01	ϕ126.7mm 的镗刀	420	60	H01
2	精镗	T02	ϕ127mm 的镗刀	420	40	H02

NC 加工程序

```
O008；
G91 G28 Z0；（调粗镗刀）
G28 X0 Y0；
T01 M06；
G90 G54 T01；（设定加工初始状态）
M3 S420；
G0 X0 Y0；
G43 Z100.0 H01；（调长度补偿）
M98 P9；（调用子程序）
M05；
G91 G28 Z0；
G28 X0 Y0；
T02 M06；（换精镗刀）
G90 M3 S420；
G00 X0 Y0；
G43 Z100.0 H02；（调精镗刀长度补偿值）
M98 P10；
M05；（设定加工结束状态）
G91 G28 Z0；
G28 X0 Y0；
M30；
```

```
O9；（镗削孔子程序）
G98 G76 Z-90.0 R2.0 Q2.0 F60；（粗镗，
为提高效率仍使用 G76）
X700.0；
G0 Z100.0；
M99；


O10；（精镗孔子程序）
G98 G76 Z-90.0 R2.0 Q2.0 F40；（精镗，
水平方向退刀量 Q 为 2mm）
X700.0；
G0 Z100.0；
M99；
```

课题 16　利用旋转坐标加工标志图形

铣削加工图 11-35 所示标志图形，毛坯为 φ100mm×25mm 的圆柱，材料为 45 钢，硬度为 200～250HB，编写加工程序。

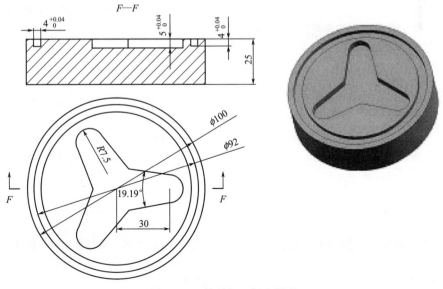

图 11-35　铣削加工标志图形

相关知识

G68 为调用旋转坐标指令，在 G17 规定的加工平面内，X、Y 表示图形旋转的中心坐标，R 表示选装的角度，从 X 轴正向看，顺时针为负，逆时针为正，Z 轴不受影响。G69 为取消旋转坐标指令。

工艺分析

采用三爪卡盘装夹，下垫垫铁；此图形三个凹槽成 120°的夹角，可以考虑用旋转坐标进行加工；深 3mm、宽 4mm 的凹槽用 φ4mm 的键槽刀加工。

基点坐标如图 11-36 所示，取工件上表面的中心为程序原点。

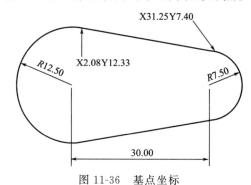

图 11-36 基点坐标

工艺卡片

机床：加工中心				加工数据表			
顺序	加工内容	刀具	刀具类型	主轴转速 /(r/min)	进给速度 /(mm/min)	刀具半径补偿	刀具长度补偿
1	圆形凹槽	T01	φ4mm 键槽刀	1200	50	无	H01
2	内轮廓开粗	T02	φ12mm 立铣刀	800	80	无	H02
3	内轮廓精修	T02	φ12mm 立铣刀	800	120	D01(6.0mm)	H02

NC 加工程序

```
O1;
N1G90 G54 T01;（加工圆形凹槽，设定加工初始状态）
M3 S1200;
G0 X44.0 Y0;
G43 Z100.0 H01;（调长度补偿）
Z2.0;
G1 Z-4.0 F20;（键槽刀，直接下刀）
G3 I-44.0 F50;
G0 Z100.0;
M05;
G91 G28 Z0;
G28 X0 Y0;
N2 T02 M06;（内轮廓开粗，换 φ12mm 立铣刀）
G90 M3 S800;
G00 X6.5 Y0;

G43 Z100.0 H02;（调 2 号刀长度补偿值）
Z2.0;
G1 Z0 F40;
G3 Z-2.5 I-6.5;
Z-5.0 I-6.5;
G3I-6.5;（中央的全圆加工到位）
G1 X0 Y0 F80;
G16 X30.0 Y0;
X0 Y0 F200;（用极坐标编程去除余量）
X30.0 Y120.0 F80;
X0 Y0 F200;
X30.0 Y240.0 F80;
X0 Y0 F200;
G15 G0 Z2.0;（取消极坐标，提刀）
N3 M98 P30002;（内轮廓精修，调用 3 次子程序）
G69 G0 Z100.0;（设定加工结束状态）
```

M5;

G91 G28 Z0;

G28 X0 Y0;

M30;

O2;

G68 X0 Y0 G91 R120.0；（使用旋转坐标，设定角度为120°的增量）

G90 G0 X0 Y0；（恢复绝对编程，调刀到下刀位置）

G1 Z-5.0 F120;

G42 X2.08 Y12.33 D01;

G1 X31.25 Y7.4;

G2 Y-7.4 R7.5;

G1 X2.08 Y-12.33;

G40 X0 Y0；（取消刀补）

G0 Z2.0;

M99；（子程序返回）

课后练习

编写程序加工图 11-37 所示的回转盘，刀具毛坯自定。

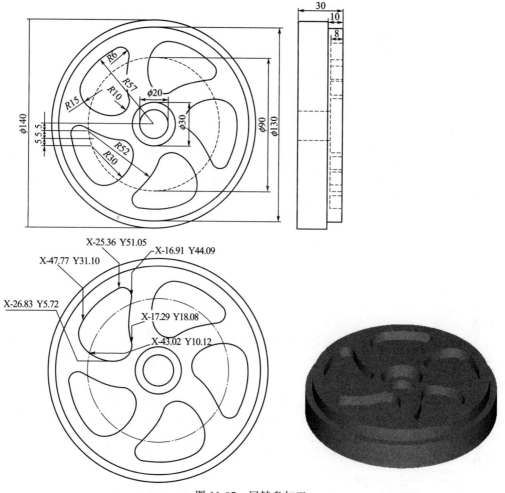

图 11-37 回转盘加工

课题 **17** 铣削加工支座

需加工支座 100 件，材质为 45 钢，硬度为 28～32HRC，零件如图 11-38 所示，车削加工部分已经完成，表面粗糙度为 $Ra3.2\mu m$，铣削安排在车削后进行，毛坯周边采用气割割出，要求加工出成品，在规定时间内完成。

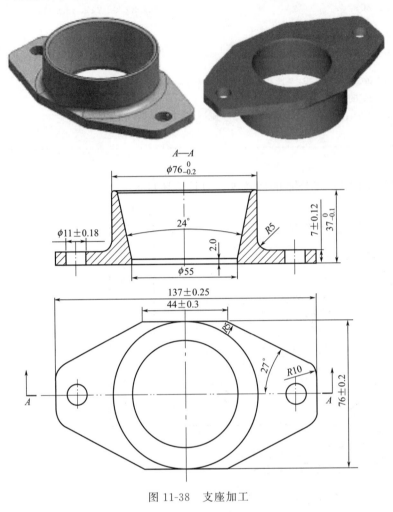

图 11-38　支座加工

工艺分析

　　用三爪卡盘夹住圆柱部分，夹紧，下垫垫块，由于毛坯的余量充分，且孔与周边没有严格的尺寸和形位公差，装夹时只需目测，大致保证工件水平，取圆环的中心作为工件原点进行加工。

　　分别采用两把刀进行粗、精加工。粗加工用 $\phi 18mm$ 的波形立铣刀，留 1mm 的精加工余量（由波形立铣刀的加工特点决定：单边若留 0.3mm 或 0.5mm 余量，会导致精加工时让刀，精加工刀具根本切削不到工件）。

工艺卡片

机床:加工中心			加工数据表				
顺序	加工内容	刀具	刀具类型	主轴转速 /(r/min)	进给速度 /(mm/min)	刀具半径补偿	刀具长度补偿
1	开粗	T01	$\phi 18mm$ 的波形立铣刀	520	120	D01(10.0mm)	H01
2	光刀	T02	$\phi 12mm$ 4 刃立铣刀	800	150	D02(6.0mm)	H02

刀路设计

刀路设计如图 11-39 所示。

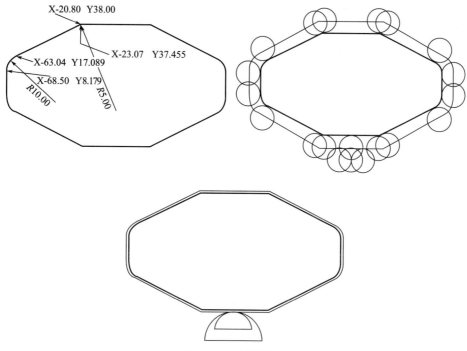

图 11-39 刀路设计

编程方法

实际加工时为了提高编程效率，采用的是自动编程，给出的参考程序也是在 MaterCAM 中后处理生成的；程序中的（DATE＝2006-06-06）为注释部分，并不影响加工，而 A 为 X 的旋转坐标，也不影响加工，故均未去掉；用来换行的"；"也没有，对采用自动传输方式来说，也不产生什么影响。加工余量的控制是通过半径补偿实现的，可以在测量后实时调整。

可以看到，CAM 软件是建立在对加工工艺深刻理解的基础上的，而且要掌握必要的编程语言。

NC 加工程序

```
O0008
（DATE＝2006-06-06）（注释文字，不影响加工）
N100G21（公制编程，单位为 mm）
N102G54G0G17G40G49G80G90（建立工件坐标系，加工状态初始化）
（T01＝18mm）（注释文字）
N104T1M6（调用第一把刀）
N106G0G90X0.Y-56.A0.S520M3（水平方向调刀，主轴工作状态设定）
N108G43H1Z100.M8（调刀到安全平面，冷却液开）
N110Z2.（调刀到参考面高度）
N112G1Z-12.F200.（调刀到足够的切削层高度）
N114G41D1X18.F120.（建立左刀补，设定水平方向进给量）
N116G3X0.Y-38.R18.（圆弧进刀）
```

N118G1X-20. 8（以下各段为切削部分，具体坐标参见图 11-39）

N120G2X-23. 07Y-37. 455R5.

N122G1X-63. 04Y-17. 089

N124G2X-68. 5Y-8. 179R10.

N126G1Y8. 179

N128G2X-63. 04Y17. 089R10.

N130G1X-23. 07Y37. 455

N132G2X-20. 8Y38. R5.

N134G1X20. 8

N136G2X23. 07Y37. 455R5.

N138G1X63. 04Y17. 089

N140G2X68. 5Y8. 179R10.

N142G1Y-8. 179

N144G2X63. 04Y-17. 089R10.

N146G1X23. 07Y-37. 455

N148G2X20. 8Y-38. R5.

N150G1X0.

N152G3X-18. Y-56. R18.（圆弧退刀）

N154G1G40X0.（取消刀补）

N156G0Z100.（设定第一把刀加工结束状态）

N158M5

N160G91G28Z0. M9

N162G28X0. Y0. A0.

N164M01（程序选择性暂停，可用来测量工件）

（T2＝12mm）

N166T2M6（换精加工刀具）

N168G0G90X0. Y-50. A0. S800M3（水平方向调刀，主轴工作状态设定）

N170G43H2Z100. M8（降刀，冷却液开）

N172Z2.（以下各段和前面的程序段相同）

N174G1Z-12. F400.

N176G41D2X12. F150.

N178G3X0. Y-38. R12.

N180G1X-20. 8

N182G2X-23. 07Y-37. 455R5.

N184G1X-63. 04Y-17. 089

N186G2X-68. 5Y-8. 179R10.

N188G1Y8. 179

N190G2X-63. 04Y17. 089R10.

N192G1X-23. 07Y37. 455

N194G2X-20. 8Y38. R5.

N196G1X20. 8

N198G2X23. 07Y37. 455R5.

N200G1X63. 04Y17. 089

N202G2X68. 5Y8. 179R10.

N204G1Y-8. 179

N206G2X63. 04Y-17. 089R10.

N208G1X23.07Y-37.455

N210G2X20.8Y-38.R5.

N212G1X0.

N214G3X-12.Y-50.R12.

N216G1G40X0.

N218G0Z100.；（设定加工结束状态）

N220M5

N222G91G28Z0.M9

N224G28X0.Y0.A0.

N226M30

课题 18　铣削加工回转缓冲器

现需加工一批回转缓冲器，材质为 45 钢，硬度为 28～32HRC，车削和焊接部分已经完成，现需进行铣削，毛坯周边采用气割割出，零件如图 11-40 所示，要求加工出成品，在规定时间内完成。

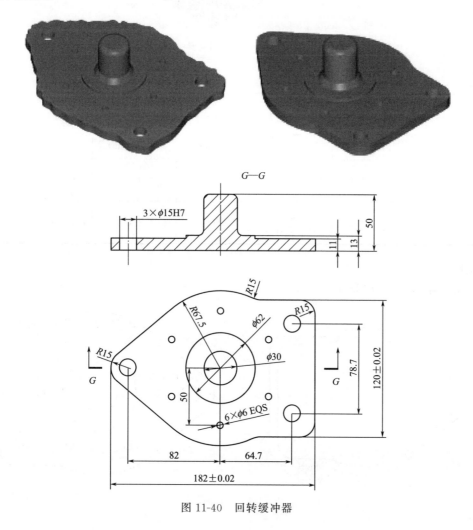

图 11-40　回转缓冲器

工艺分析

① 对外形不规则的毛坯需用专用夹具夹紧，而且要考虑到多次装夹重复定位方便，在加工时设计并制作的夹具如图 11-41 所示。

② 取缓冲器的中心作为工件原点，定位基准、设计基础和加工基准均重合。

③ 采用两把刀进行粗、精加工。粗加工用 $\phi18mm$ 的波形立铣刀，留 1mm 的精加工余量。

图 11-41　专用夹具

工艺卡片

机床:加工中心				加工数据表			
顺序	加工内容	刀具	刀具类型	主轴转速 /(r/min)	进给速度 /(mm/min)	刀具半径补偿	刀具长度补偿
1	开粗	T01	$\phi18mm$ 的波形立铣刀	550	120	D01(10.0mm)	H01
2	光刀	T02	$\phi12mm$ 四刃立铣刀	800	120	D02(6.0mm)	H02

刀路设计

刀路设计如图 11-42 所示。

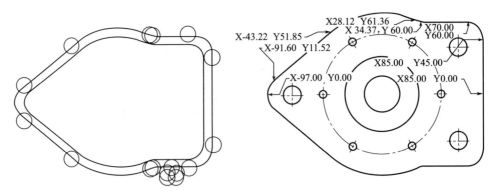

图 11-42　刀路设计

NC 加工程序

O1；

N0010 G40 G17 G90 G54；（调用工件坐标系，设定加工初始状态）

N0020 G91 G28 Z0.0；（Z 轴返回参考点）

N0030 T01 M06；（调第一把刀）

N0040 G0 G90 X90.27 Y9.30 S550 M03；（主轴正转，水平方向定位）

N0050 G43 Z20.H01；（定位到安全面）

N0060 Z3.；（定位到参考面）

N0070 Z-12.；

N0080 G1 Z-15.F120.M08；（定位到切削层以下）

D01；（设定第一把刀半径补偿值）

M98 P2；（调用 2 号子程序）

M5；（停主轴）

G91 G28 Z0.M9；

G28 X0.Y0.；

T02 M6；（调第二把刀）

G0 G90 X90.27 Y9.30 S800 M03；（主轴正转，水平方向定位）

G43 Z20.H02；（定位到安全面）

Z3.；（定位到参考面）

Z-12.；

G1 Z-15.F200.M08；（定位到切削层以下）

D02；（设定第二把刀半径补偿值）

M98 P2；

M5；（设定加工结束状态）

G91 G28 Z0.M9；

G28 X0.Y0.；

M30；

O 2；（切削部分子程序）

N0090 G41 X88.Y8.25；（加左刀补）

N0100 G3 X85.Y2.51 I4.J-5.74；

N0110 G1 Y0.0；（切削加工中的具体坐标参见图 11-42 中的节点坐标值）

N0120 Y-45.F120.；

N0130 G2 X70.Y-60.I-15.J0.0 F90.；

N0140 G1 X34.37 F120.；

N0150 G3 X28.12 Y-61.36 I0.0 J-15.F90.；

N0160 G2 X-43.22 Y-51.85 I-27.95 J61.44 F120.；

N0170 G1 X-91.6 Y-11.52；

N0180 G2 X-91.6 Y11.52 I9.62 J11.51 F90.；

N0190 G1 X-43.22 Y51.85 F120.；

N0200 G2 X28.12 Y61.36 I43.43 J-51.68；

N0210 G3 X34.37 Y60.I6.29 J13.62 F90.；

N0220 G1 X70.F120.；

N0230 G2 X85.Y45.I0.0 J-15.F90.；

N0240 G1 Y-2.5 F120.；

N0250 G3 X88.Y-8.25 I7.J0.0；

```
N0260 G40;
N0270 G1 X90.27 Y-9.30;
N0280 G0 Z20.;
N0290 M99;
```

课题 19 宏程序的二重嵌套

在 100mm×100mm×12mm 的板料上加工图 11-43 所示的凹槽，所用的是直径为 ϕ12mm 的硬质合金刀具，编写加工程序。

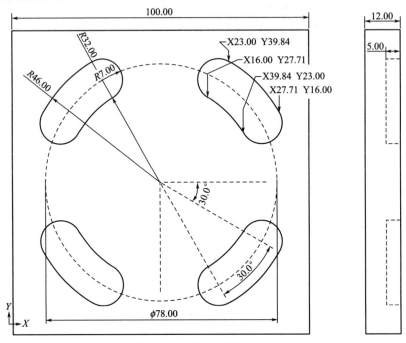

图 11-43　板料凹槽加工

NC 加工程序

```
O3;
G90 G54 M3 S3200;
G0 X0 Y0;
G43 G0 Z100. H01;
Z5.;
#1=0;（设定角度初始变量）
WHILE[#1LT360] DO1;
G68 X0 Y0 R#1;（调用旋转坐标）
G0 X19.5 Y33.77;（此点为凹槽小圆中心，坐标可以由图 11-43 求出）
G1 Z0 F200;
#2=0;（设定深度初始变量）
WHILE[#2GT-5.0] DO2;
#2=#2-0.5;（每次切 0.5mm）
G2 X33.77 Y19.5 Z#2 R39. F80;
```

```
G42 G1 X39.84 Y23. D01 F200；
G2 X27.71 Y16. R7.；
G3 X16. Y27.71 R32.；
G2 X23. Y39.84 R7.；
G2 X39.84 Y23. R46.；
G40 G1 X33.77 Y19.50；
G3 X19.5 Y33.77 R39.；
END2；
G0 Z5.；
♯1＝♯1＋90.0；（设定角度自变量）
END1；
G69 G0 Z150.；
M30；
```

课题 20　铣削加工内圆弧面

在一箱体零件上（锌合金）有图 11-44 所示的一个 $R16\mathrm{mm}$ 的内圆弧面需要加工，其中 $\phi24\mathrm{mm}$ 的孔已经加工完成，要求在数控机床上完成加工。

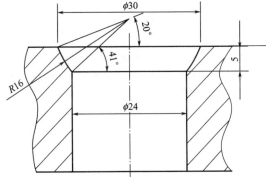

图 11-44　内圆弧面加工

工艺分析

由于加工余量不大，且为自由公差，只是对表面粗糙度要求较高，直接采用球头刀粗、精加工一次完成。

刀路设计

简化模型，取圆孔上表面的中心为工件原点，建立工件坐标系，采用"行切法"进行加工，刀具从上往下切削，用宏程序编程，相关角度已标出，如图 11-45 所示。

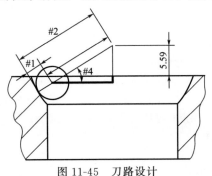

图 11-45　刀路设计

工艺卡片

机床:加工中心				加工数据表			
顺序	加工内容	刀具	刀具类型	主轴转速/(r/min)	进给速度/(mm/min)	刀具半径补偿	刀具长度补偿
1	切内圆弧	T01	ϕ6mm 的球头刀	2000	240	无	H01

NC 加工程序

```
O1；
G90 G59 M3 S2000；（建立工件坐标系，设定主轴状态）
G0 X0 Y0；（水平方向调刀）
G43 Z50.0 H01；（深度方向降刀）
Z0；
#1＝3.0；（对刀半径赋值）
#2＝16.0；（对加工圆弧半径赋值）
#4＝20.0；（对角度变量进行初始值的设定，参见图 11-45）
N7 #5＝[#2-#1]＊COS[#4]；（对水平方向变量赋值，图 11-45 中用粗线表示）
#3＝[#2-#1]＊SIN[#4]-5.59＋#1；（对降刀深度进行赋值，图 11-45 中用粗线表示）
/    （＋#1的原因是用刀具下表面的中心作为了对刀点）
G1 X#5 F100.；（水平方向进刀）
Z-#3 F20；（Z 轴步进）
G2 I-#5 F240；（切全圆）
#4＝#4＋2.0；（设定角度标量作为"自变量"）
IF[#4LE50.0] GOTO7；（跳转指令，如果不满足条件，转到 N7 处继续执行）
G0 X0 Y0；
Z180.0；( 提刀，程序结束)
M5；
M30；
```

相关知识

以上加工采用的是球头刀，若采用立铣刀，可以采用另外的方法建立数学模型，本例再给出一个用 ϕ10mm 的立铣刀进行加工的程序。

```
O2；
G90 G59 M3 S2000；（建立工件坐标系，设定主轴状态）
G0 X0 Y0；（水平方向调刀）
Z100.；（深度方向降刀）
Z2.；
Z0；
#1＝5.0；（对刀半径赋值）
#2＝16.0；（对加工圆弧半径赋值）
#3＝5.59；（对深度变量进行初始值的设定，参见图 11-45）
N1 #4＝SQRT[#2＊#2-#3＊#3]-#1；（对水平方向的变量值进行设定）
#3＝#3＋0.05；（设定深度自变量）
G1 X#4 F460；（水平进刀）
G1 Z-#3 F20；（降刀）
G2 I-#4 F200；（圆周切削）
```

```
IF[#3LE10.59] GOTO1；（跳转指令，如果不满足条件，转到 N1 处继续执行）
G0 X0 Y0；
G0 Z150.；（提刀，程序结束）
M5；
M30；
```

课题 21　利用 WHILE 语句完成内圆弧面的铣削加工

在某箱体零件上完成图 11-46 所示的内圆弧面的加工，其中 $\phi20$mm 的孔已经完成加工，要求在数控机床上完成加工。

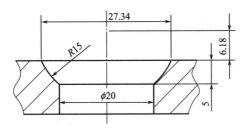

图 11-46　内圆弧面铣削加工

工艺卡片

机床:加工中心			加工数据表				
顺序	加工内容	刀具	刀具类型	主轴转速 /(r/min)	进给速度 /(mm/min)	刀具半径补偿	刀具长度补偿
1	切内圆弧	T01	$\phi10$mm 球头刀	1000	300	无	H01

NC 加工程序

```
O1；                                    #4=[#2-#1]*COS[#3]；
G90 G57 M3 S1000；（建立工件坐标系，      #5=[#2-#1]*SIN[#3]-6.18+#1；
设定主轴状态）                           G1Z-#5 F300；
G0 X4. Y0；                              X#4；
G43 Z50. H1；                            G2 I-#4；
Z2.；                                   G0 X4. Y0；
G1 Z0 F250；                             #3=#3+3.0；
#1=5.0；（设定刀具半径）                  END1；
#2=15.0；（设定圆弧半径）                 G0 X0 Y0；
#3=10.0；（初始角度自定合理值）           Z150.；
WHILE[#3LE80.0] DO1；                     M30；
```

课题 22　特殊指令 G10 的应用

车削时倒圆角比较容易，在铣削中加工圆角比较困难，如图 11-47 所示，对一根圆棒料倒圆角加工，编写加工程序。

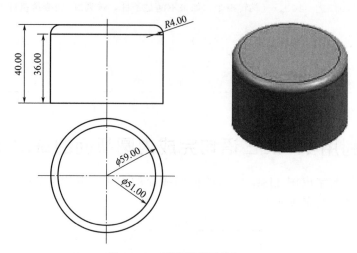

图 11-47　圆棒料倒圆角加工

相关知识

G10（可编程参数输入）：该功能主要用于设定螺距误差的补偿数据以应付加工条件的变化，如机件更新最大切削速度或切削时间常数的变化等。针对本例，采用可编程参数输入的具体指令如下：

G10 L12 P ＿ R ＿；（P 为长度补偿号，R 为补偿值，L12 为变化的半径补偿特殊功能）

此外还有以下几种指令：

G10 L10 P ＿ R ＿；（P 为长度补偿号，R 为补偿值）

G10 L11 P ＿ R ＿；（P 为长度的磨损补偿号，R 为补偿值）

G10 L13 P ＿ R ＿；（P 为半径的磨损补偿号，R 为补偿值）

工艺分析

加工余量不大，工件表面粗糙度要求较高，可以直接采用球头刀进行加工。

刀路设计

取圆柱上表面的中心为工件原点，建立工件坐标系，采用"行切法"进行加工，刀具从上往下切削，宏程序编程，刀路设计如图 11-48 所示。

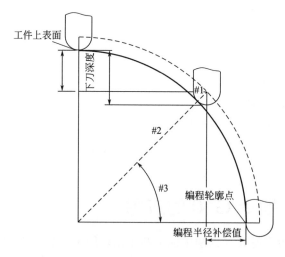

图 11-48　刀路设计

编程半径补偿值为 ♯4＝［♯1＋♯2］＊COS［♯3]-♯2，下刀深度为♯5＝［♯1＋♯2］＊SIN［♯3]-♯1-♯2。

工艺卡片

	机床:加工中心		加工数据表					
顺序	加工内容	刀具	刀具类型	主轴转速 /(r/min)	进给速度 /(mm/min)	刀具半径 补偿	刀具长度 补偿
1	切内圆弧	T01	ϕ6mm 的球头刀	2000	120	无	H01

NC 加工程序

```
----------------------------------------------------------------------
        O100；
        G90 G59 M3 S2000；（建立工件坐标系，设定主轴状态）
        G0 X0 Y0；（水平方向调刀）
        G43 Z100. H01；（深度方向降刀）
        Z2. ；
        X40. ；（调刀到毛坯外面，便于下刀）
        ♯1＝3.0；（对刀半径赋值）
        ♯2＝4.0；（对加工圆弧半径赋值）
        ♯3＝90.0；（对角度变量进行初始值的设定）
    N7  ♯3＝♯3-2.0；（设定角度标量作为"自变量"）
        ♯4＝［♯1＋♯2］＊COS［♯3]-♯2；（动态变化的刀补值）
        ♯5＝［♯1＋♯2］＊SIN［♯3]-♯1-♯2；（动态变化的Z值）
        G1 Z♯5 F400；（降刀）
        G10 L12 P11 R♯4；（调用特殊功能）
        G41 G1 X29.5 D11 F120；（进刀）
        G2 I-12.5 F400；（切全圆）
        G40 G1 X40. ；（退刀）
        IF[♯3 GE0] GOTO7；（跳转指令，如果不满足条件，转到N7处继续执行）
        G0 Z150. ；
        M30；
----------------------------------------------------------------------
```

补充练习

对图 11-49 所示零件倒圆角。

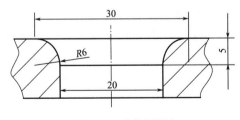

图 11-49 零件倒圆角

```
----------------------------------------------------------------------
        O101；                        Z2. ；
        G90 G56 M3 S1000；            G1 Z0 F250；
        G0 X4. Y0；                   ♯1＝5.0；
        G43 Z50. H1；                 ♯2＝6.0；
```

```
  #3=90.0;                          G42 G1 X10. D17 F150;
  WHILE[#3GE0] DO1;                 G2 I-10.0 F200;
  #4=[#1+#2]*COS[#3]-#2;            G40 G0 X4. Y0;
（动态变化的刀补值）                    #3=#3-3.0;
  #5=[#1+#2]*SIN[#3]-#1-#2;         END1;
（动态变化的 Z 向量）                   G0 X0 Y0;
  G10 L12 P17 R#4;                  Z150.;
  G1 Z#5 F300;                      M30;
```

课题 23 利用 G10 指令倒角

利用直径为 φ12mm 的 4 刃立铣刀对图 11-50 所示的立方体倒 45°角，编写加工程序。

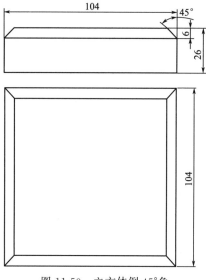

图 11-50 立方体倒 45°角

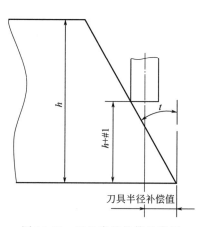

图 11-51 刀具半径补偿示意图

工艺分析

如图 11-51 所示。

① 设定每次降刀的深度为 #1。

② 设定刀具变化的半径补偿值为 #2。

③ 刀具半径补偿的距离为 tan[45.0]*[6.0+#1]-#2，则相应的半径补偿数值为 6.0-tan[45.0]*[6.0+#1]。

NC 加工程序

```
  O1;                               G1 Z#1 F400;
  G90 G59 M3 S800;                  #2=6.0-tan[45.0]*[6.0+#1];（变
  G0 X-65. Y-65.;                  化的半径补偿值）
  G43 Z50. H01;                     G10 L12 P33 R#2;
  Z0;                               G41 X-52.0 D33;
  #1=0;                             Y52.0;
  WHILE[#1GE-6.0] DO1;              X52.0;
  #1=#1-0.1;（设定背吃刀量为 0.1mm）     Y-52.0;
```

X-65.0；　　　　　　　　　　　　　G0 Z150.0；（提刀）

G40 Y-65.0；　　　　　　　　　　　M30；（程序结束）

END1；

课题 24　薄壁零件的铣削

用直径为 φ12mm 的立铣刀精加工图 11-52 所示薄壁零件，壁厚为 1.0mm，编写加工程序。

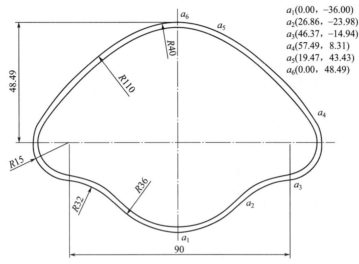

a_1(0.00，−36.00)
a_2(26.86，−23.98)
a_3(46.37，−14.94)
a_4(57.49，8.31)
a_5(19.47，43.43)
a_6(0.00，48.49)

图 11-52　薄壁零件加工

工艺分析

为了提高加工效率，缩短编程时间，精加工采用与粗加工相同的程序，且精加工内轮廓的程序只需简单修改加工外轮廓的程序即可。加工内、外轮廓刀具进退刀方式如图 11-53 所示，其中加工外轮廓用左刀补 G41，刀补值为 D01（D01 为 6.0mm），加工内轮廓用右刀补，刀补值为 D02（D02 为 7.0mm）或者仍用 G41，但是刀补值 D02 要改为−7.0mm。

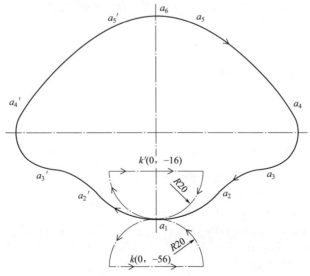

图 11-53　刀具进退刀方式

NC 加工程序

O1；（精加工外轮廓）

G90 G54 G80 G40 M3 S3200；（初始化加工条件，设定主轴转速）

G0 X0 Y-56.0；（调刀到k点）

G43 Z50.0 H01；（下刀）

F1 Z0 F600；

♯1=-7.9；（充分利用粗加工程序，设定精加工深度）

♯2=-8.0；

WHILE[♯1GT♯2] DO1；

♯1=♯1-0.4；

IF[♯1LE♯2] THEN♯1=♯2；

G1 Z♯1 F200；

G41 X20. Y-56.0 D01 F500；（刀补值为 6.0mm）

G3 X0 Y-36.0 R20.0；（圆弧进刀）

G2 X-26.86 Y-23.98 R36.0；（从a_1到a'_2）

G3 X-46.37 Y-14.94 R32.0；（从a'_2到a'_3）

G2 X-57.49 Y8.31 R15.0；（从a'_3到a'_4）

X-19.47 Y43.43 R110.0；（从a'_4到a'_5）

X19.47 Y43.43 R40.0；（从a'_5到a_5）

X57.49 Y8.31 R110.0；（从a_5到a_4）

X46.37 Y-14.94 R15.0；（从a_4到a_3）

G3 X26.86 Y-23.98 R32.0；（从a_3到a_2）

G2 X0 Y-36.0 R36.0；（从a_2到a_1）

G3 X-20.0 Y-56.0 R20.0；（圆弧退刀）

G40 G1 X0；（取消刀补）

END1；

G0 Z150.0；

M05；

M30；

O2；（精加工内轮廓）

G90 G54 G80 G40 M3 S3200；（初始化加工条件，设定主轴转速）

G0 X0 Y-16.0；（调刀到k'点）

G43 Z50.0 H01；（下刀）

F1Z0 F600；

♯1=-7.9；（充分利用粗加工程序，设定精加工深度）

♯2=-8.0；

WHILE[♯1GT♯2] DO1；

♯1=♯1-0.4；

IF[♯1LE♯2] THEN♯1=♯2；

G1 Z♯1 F200；

G41 X20. Y-16.0 D02 F500；（刀补值为-7.0mm）

G2 X0 Y-36.0 R20.0；（圆弧进刀）

G2 X-26.86 Y-23.98 R36.0；（从a_1到a'_2）

G3 X-46.37 Y-14.94 R32.0；（从a'_2到a'_3）

G2 X-57.49 Y8.31 R15.0；（从a'_3到a'_4）

X-19.47 Y43.43 R110.0；（从a'_4到a'_5）

X19.47 Y43.43 R40.0；（从a'_5到a_5）

X57.49 Y8.31 R110.0;（从a_5到a_4）

X46.37 Y-14.94 R15.0;（从a_4到a_3）

G3 X26.86 Y-23.98 R32.0;（从a_3到a_2）

G2 X0 Y-36.0 R36.0;（从a_2到a_1）

G2 X-20.0 Y-16.0 R20.0;（圆弧退刀）

G40 G1 X0;（取消刀补）

END1;

G0 Z150.0;

M05;

M30;

技巧提示

铣削加工薄壁零件时很容易产生变形，故粗、精加工要分开，且要注意精加工时产生的切削力不应太大。

课题 25　加工变位齿轮

需小批量加工一批变位齿轮，毛坯硬度为 220～250HB，已经车削完毕，中间部分也已加工完毕，如图 11-54 所示，现需要加工外形，编写加工程序，完成加工。

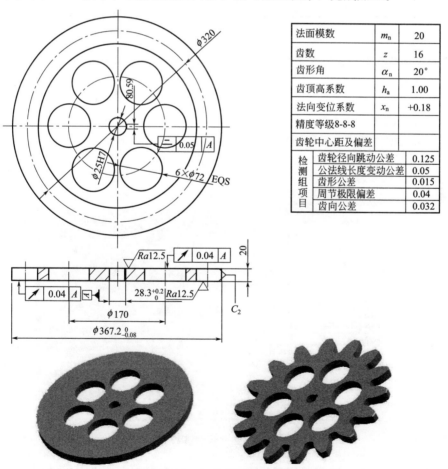

法面模数	m_n	20
齿数	z	16
齿形角	α_n	20°
齿顶高系数	h_a	1.00
法向变位系数	x_n	+0.18
精度等级8-8-8		
齿轮中心距及偏差		

检测组项目	齿轮径向跳动公差	0.125
	公法线长度变动公差	0.05
	齿形公差	0.015
	周节极限偏差	0.04
	齿向公差	0.032

图 11-54　变位齿轮加工

工艺分析

用齿条型刀具加工齿轮时，将刀具远离或靠近轮坯回转中心，则刀具的分度线不再与被加工齿轮的分度圆相切，这种采用改变刀具与被加工齿轮相对位置来加工齿轮的方法称为变位修正法，采用这种方法加工的齿轮称为变位齿轮。

对小批量的加工采用成形刀具、专用机床加工显得非常不适用，考虑采用数控机床进行铣削加工。

装夹定位：采用中间圆柱销加一削边销定位，不会造成过定位，上面加一块小于齿轮底径，直径为260mm的压板，防止加工刀具干涉，然后用螺钉拧紧即可，如图11-55所示。

图 11-55 装夹定位

工艺卡片

机床:加工中心				加工数据表			
顺序	加工内容	刀具	刀具类型	主轴转速/(r/min)	进给速度/(mm/min)	刀具半径补偿	刀具长度补偿
1	粗加工	T01	φ18mm 立铣刀	550	120	无	无
2	精加工	T02	φ10mm 立铣刀	1200	120	无	无
3	钻孔	T03	φ17.5mm 钻头	360	30	无	无

编程方法

齿轮的轮廓线为渐开线，手工编程很难写出，采用 MasterCAM 自动编程。软件最大优势在于动态铣削。

绘制加工图形

① 运行 MasterCAM 2018，键盘 ALT＋C 调出插件界面，选择 GEAR.DLL 打开绘制齿轮界面，输入相关参数，齿底圆角半径选择圆形，如图 11-56 所示。在毛坯设置中设置毛坯参数。

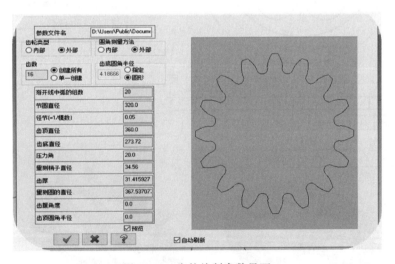

图 11-56 齿轮绘制参数界面

② 选定机床为铣床，选择机床系统为 SINUMERIK 828D，如图 11-57 所示。

图 11-57 选择机床类型及系统

粗加工

③ 如图 11-58 所示，点击刀路，选择加工方式为动态铣削。

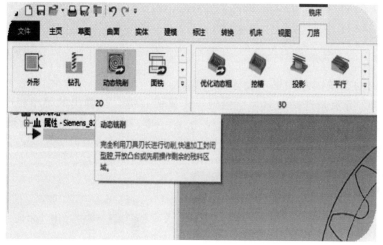

图 11-58 选择加工方式

④ 串联选择加工轮廓如图 11-59 所示。

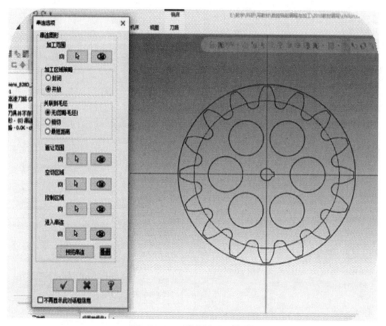

图 11-59 选择加工轮廓

⑤ 加工区域策略选择开放，加工范围选择图 11-60 所示毛坯轮廓，点击√，避让范围选择图 11-61 所示齿轮轮廓，点击√。

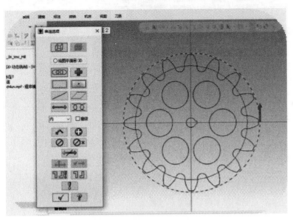

图 11-60　选择毛坯轮廓

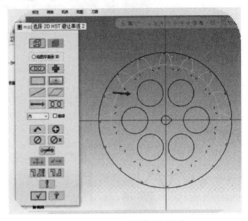

图 11-61　选择齿轮轮廓

⑥ 在弹出的动态铣削对话框中设置加工参数。

a. 如图 11-62 所示，选择刀具，空白处点击鼠标右键，在弹出的菜单栏中选择"创建新刀具"，如图 11-63 所示创建平底立铣刀，点击下一步，在弹出的图 11-64 所示对话框中按加工数据表选择粗加工刀具，设定切削用量。

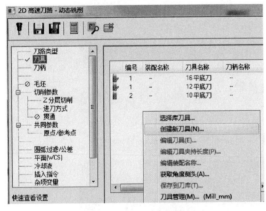

图 11-62　创建新刀具

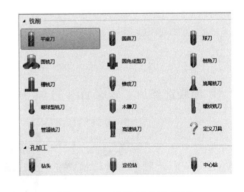

图 11-63　选择平底立铣刀

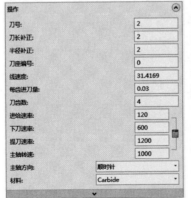

图 11-64　设定切削用量

b. 确认后，按图 11-65 所示设定水平方向切削参数，按图 11-66 所示设定切深方向分层铣削。

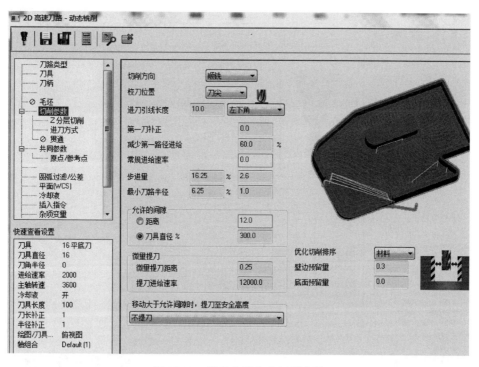

图 11-65　设定水平方向切削参数

图 11-66　设定切深方向分层铣削

c. 确认后，设置共同切削参数，如图 11-67 所示，设置圆弧过渡公差，如图 11-68 所示。

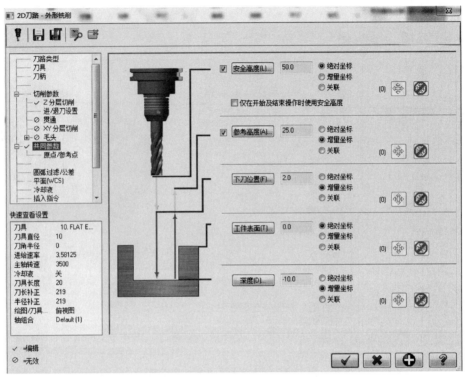

图 11-67　设置共同参数

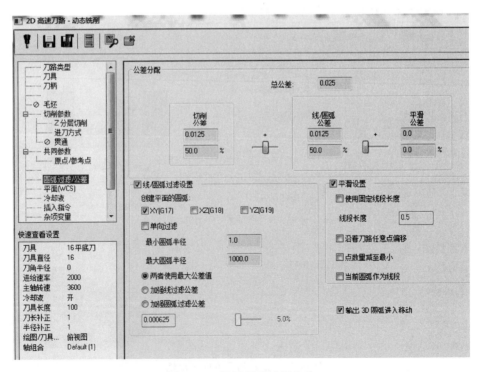

图 11-68　设置圆弧过渡公差

d. 其他设置如图 11-69 所示，设定打开冷却。如图 11-70 所示，开启 CYCLE 832，设置成粗加工和容差。

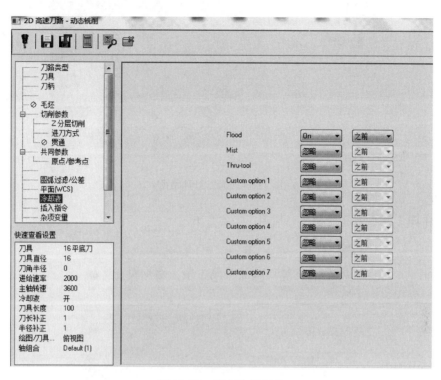

图 11-69　设定冷却方式

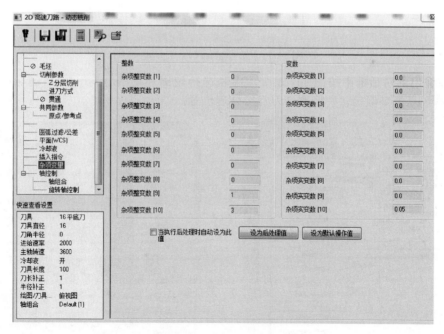

图 11-70　开启 CYCLE 832

e. 点击确定，生成刀路如图 11-71 所示。

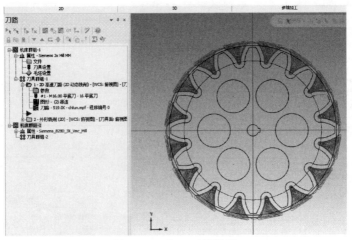

图 11-71　加工刀具路径

精加工

⑦ 选择加工方式为外形加工，如图 11-72 所示。

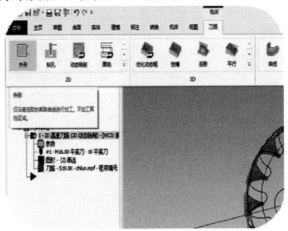

图 11-72　选择精加工加工方式

⑧ 在弹出的对话框中按图 11-73 所示串联选择轮廓和切削方向（按 R 键切换），如图 11-74 所示，点击√确定，并修改进刀点至合理位置。

图 11-73　串联选择

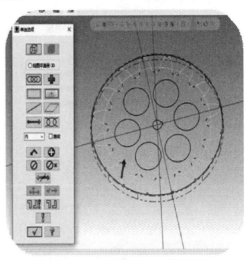

图 11-74　选择轮廓和切削方向

⑨ 点击确认后，在弹出的对话框中按图 11-75 所示创建精加工刀具并设置精加工刀具参数。

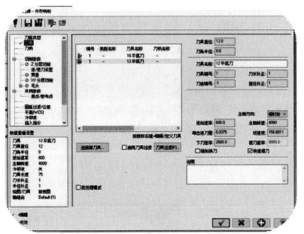

图 11-75 精加工刀具及其参数

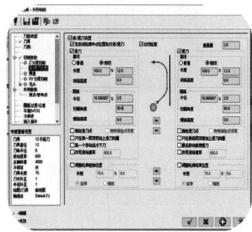

图 11-76 设定进退刀参数

⑩ 确认后，按图 11-76 所示设定进退刀参数，按图 11-77 所示设定切削参数。

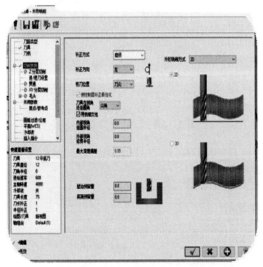

图 11-77 设定切削参数

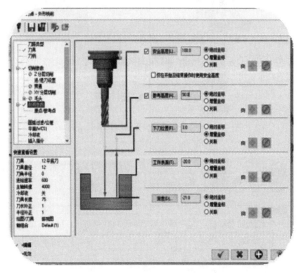

图 11-78 设定共同切削参数

⑪ 确认后，设定共同切削参数，如图 11-78 所示。

⑫ 点击确认，生成精加工刀具轨迹，如图 11-79 所示。

⑬ 仿真加工效果如图 11-80 所示。

⑭ 如图 11-81 所示，选择粗加工刀具路径，选择需要生成代码的刀路再点击图标"G1"，弹出对话框如图 11-82 所示，点击确定，生成粗加工代码，确认后处理，点击√，生成粗加工 NC 程序代码，如图 11-83 所示，同样操作，生成精加工 NC 程序代码，如图 11-84 所示。

图 11-79　精加工刀具轨迹

图 11-80　仿真加工效果

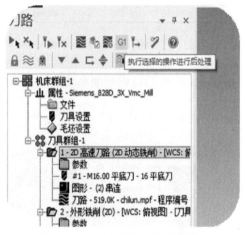

图 11-81　选择粗加工刀具路径

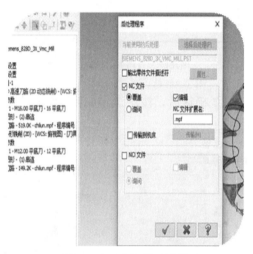

图 11-82　后处理对话框

图 11-83　粗加工 NC 程序代码

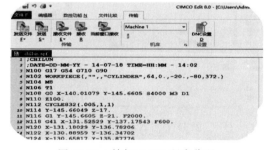

图 11-84　精加工 NC 程序代码

切削齿轮的齿根部分时，切削力和力矩很大，刀具很容易折断，故应先在齿根部分打孔排料，如图 11-85 所示，钻孔加工程序如下。

```
O1;                              Z100.;（深度方向降刀）

G90 G54 M3 S360;（建立工件坐标系，设    G16;（使用极坐标）
定主轴状态）                       #1＝0;（设定初始极坐标角度）

G0 X0 Y0;（水平方向调刀）            WHILE[#1LT360.0] DO1;
```

```
    G98 G81 X150.0 Y#1  Z-25.0 R2.0        G15；（取消极坐标）
  F30；（钻孔加工）                          G0Z150.；（提刀）
    #1＝#1＋22.5；（设定角度增量）          M05；
    END1；                                  M30；
```

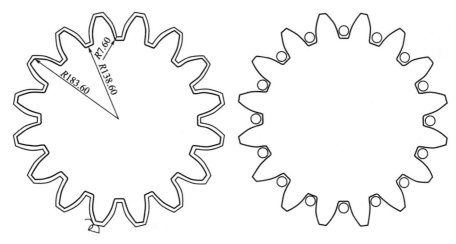

图 11-85　齿轮根部打孔排料

课题 26　零件轮廓加工

加工图 11-86 所示工件，材料为 100mm×100mm×23mm 的 45 钢，使用 SINUMERIK 828D 系统数控铣床加工，编写加工程序。

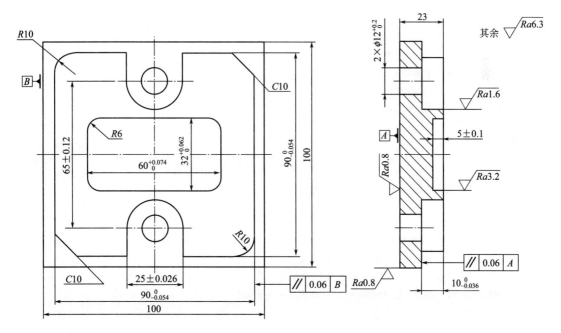

图 11-86　内外轮廓精加工

编程分析

本例使用 ϕ10mm 的立铣刀进行精加工，可使用指令 G00、G01、G02、G03、G41、G40 来完成此零件的加工，也可利用倒角指令 CHF、CHR、RND 来简化编程。

倒斜角：$\begin{cases} \text{CHF \_\_；（以斜边长度定义倒角大小）} \\ \text{CHR \_\_；（以直角边长度定义倒角大小）} \end{cases}$

倒圆角：RND __；（定义倒圆半径并进行倒圆）

NC 加工程序

外轮廓精加工

```
N10   G54 G90 G17 G64 M3 S4000；（定义平面、主轴转向和转速）
N20   T1 D1；（调用 1 号刀和 1 号刀沿）
N30   G0 Z100 M08；（Z 轴定位到 100mm 高度）
N40   X0 Y-55；（X、Y 轴定位到下刀点）
N50   Z5；（Z 轴缓冲到 5mm 高度）
N60   G1 Z-10 F800；（Z 轴下刀到轮廓深度）
N70   G41 X12.5 Y-45；（加左刀补进刀到轮廓）
N80   Y-32.5；（开始沿轮廓加工）
N90   G3 X-12.5 Y-32.5 CR＝12.5；（加工 R12.5 的半圆弧）
N100  G1 Y-45；
N110  X-45 CHR＝10；（利用 CHR 自动倒 C10 的直角斜边）
N120  Y45 RND＝10；（利用 RND 自动倒 R10 的圆弧）
N130  X-12.5；
N140  Y32.5；
N150  G3 X12.5 Y32.5 CR＝12.5；
N160  G1 Y45；
N170  X45 CHR＝10；
N180  Y-45 RND＝10；
N190  X10；
N200  G40 X0 Y-55；（取消刀补退出轮廓）
N210  G0 Z100；（抬刀到安全高度）
N220  M5；（主轴停止）
N230  M09；（关冷却液）
N240  M30；（程序结束）
```

内轮廓精加工

```
N10   G54 G90 G17 G64 M3 S4000；（定义平面、主轴转向和转速）
N20   T1 D1；（调用 1 号刀和 1 号刀沿）
N30   G0 Z100 M08；（Z 轴定位到 100mm 高度）
N40   X10 Y8；（X、Y 轴定位到下刀点）
N50   Z5；（Z 轴缓冲到 5mm 高度）
N60   G1 Z-5 F800；（Z 轴下刀到轮廓深度）
N70   G41 X2 Y16；（加左刀补进刀到轮廓）
N80   X-30  RND＝6；（利用 RND 自动倒 R6 的圆弧）
N90   Y-16  RND＝6；
N100  X30   RND＝6；
N110  Y16   RND＝6；
```

N120　X-1；

N120　G40 X-8 Y8；（取消刀补退出轮廓）

N130　G0 Z100；（抬刀到安全高度）

N140　M5；（主轴停止）

N150　M09；（关冷却液）

N160　M30；（程序结束）

钻孔加工

N10　G54 G90 G17 M3 S2000；（定义平面、主轴转向和转速）

N20　T2D1；（调用 2 号刀和 1 号刀沿）

N30　G0 Z100 M08；（Z 轴定位到 100mm 高度）

N40　X0 Y32.5　F200；（X、Y 轴定位到下刀点）

N50　Z50；

N60　MCALL CYCLE82（50，-10，3，-25，，0，0，0，12）；

N80　Y-32.5；

N90　MCALL；

N100　M5；（主轴停止）

N110　M09；（关冷却液）

N120　M30；（程序结束）

课题 27　铣削加工螺纹

如图 11-87 所示，工件上有 M20mm×1.5mm-7H 深 30mm 的螺纹孔，底孔加工已完成，使用 φ12mm 的单刃螺纹铣刀，使用 SINUMERIK 828D 系统数控铣床加工，编写加工程序。

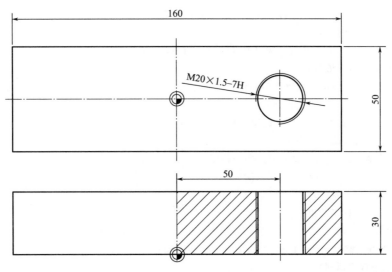

图 11-87　螺纹孔加工

编程分析

本例可使用 G02/G03 指令配合 TURN 指令，除完成圆柱形零件外轮廓及内轮廓的加工外，还可以利用此指令铣削螺纹。

指令格式：G2/3 X __ Y __ Z __ I __ J __ K __ TURN=__ ；

X、Y、Z 为以直角坐标给定的终点，I、J、K 为以直角坐标给定的圆心，TURN 为附加圆弧运行次数的范围。如果螺旋线插补的圈数刚好为整数圈 N 时，则编程中 TURN＝$N-1$；如果螺旋线插补的圈数为非整数圈时，则编程中 TURN＝N，即舍去小数部分。例如螺旋线插补的圈数为 7.6 圈，则编程中 TURN＝7。如果螺旋线导程有要求，则螺旋线的长度必须与插补圈数相匹配。本例中螺旋线的长度为 33mm，合计 33/1.5＝22 个螺距，为整数圈，则 TURN＝22－1＝21。

NC 加工程序

```
LUOWEN1.MPF；（程序名）
N10 G17 G90 G54 G00 G64；（系统初始赋值，调用坐标系）
N20 T1 M6；（调用刀具）
N30 D01 Z100 S800 M03；（调用刀具补偿，抬刀，主轴正转）
N40 M08；（冷却液开）
N50 X50 Y0；（定位到螺纹孔中心位置）
N60 Z1.5；（下刀至工进平面）
N70 G41 G1 X62 Y0 F300；（调用半径补偿，直线切入）
N80 G2 X62 Y0 Z-31.5 I-12 J0 TURN＝21；（顺时针完成螺旋线插补）
N90 G40 G0 X50 Y0；（取消刀具半径补偿）
N100 G0 Z50 M09；（抬刀，切削液关）
N110 M05；（主轴停转）
N120 M30；（程序结束）
```

除了使用 G02/G03 指令配合 TURN 指令加工螺纹外，还可以使用子程序铣削螺纹，以上加工程序可以改写如下。

```
LUOWEN2.MPF；（程序名）
N10 G17 G90 G54 G00 G64；（系统初始赋值，调用坐标系）
N20 T1 M6；（调用刀具）
N30 D01 Z100 S800 M03；（调用刀具补偿，抬刀，主轴正转）
N40 M08；（冷却液开）
N50 X50 Y0；（定位到螺纹孔中心位置）
N60 Z1.5；（下刀至工进平面）
N70 G41 G1 X62 Y0 F300；（调用半径补偿，直线切入）
N80 LW P23；（调用子程序 LW.SPF 共 23 次）
N90 G40 G0 X50 Y0；（取消刀具半径补偿）
N100 G0 Z50 M09；（抬刀，切削液关）
N110 M05；（主轴停转）
N120 M30；（程序结束）
LW.SPF；
N10 G2 X62 Y0 Z＝IC(-1.5) I-12 J0；（螺旋线插补）
RET；（子程序返回）
```

使用了子程序编程，增加了程序的可读性，也便于修改螺纹孔的尺寸。

第3篇

项目教学

学习任务1
三根鲁班锁的制作

学习目标

1. 能根据加工要求编制产品的加工工艺。
2. 能正确使用面铣刀、立铣刀、T形槽铣刀进行铣削加工。
3. 能灵活使用台虎钳、锉刀等钳工工具修磨。

建议学时

18 学时

学习任务描述

传说春秋时代鲁国工匠鲁班为了测试儿子是否聪明，用 6 根木条制作一件可拼可拆的玩具，叫儿子拆开，儿子忙碌了一夜，终于拆开了，这种玩具后人称其为鲁班锁。

其实这只是一种传说，鲁班锁也称孔明锁、别闷棍、六子联方、莫奈何、难人木等，起源于中国古代建筑中首创的榫卯结构，看上去简单，其中却奥妙无穷，不得要领，很难完成拼合，它对放松身心，开发大脑，锻炼手指均有好处，是老少皆宜的休闲玩具。

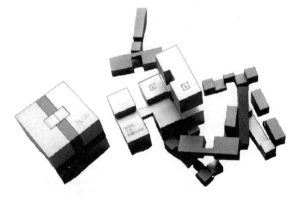

本任务就是完成金属三根鲁班锁的加工。

学习活动描述

学习活动1　接受工作任务，明确工作要求
学习活动2　制定三根鲁班锁的加工工艺
学习活动3　制作三根鲁班锁并检验
学习活动4　工作总结与评价

学习活动 1 接受工作任务，明确工作要求

学习目标

 1. 能读懂生产任务单，明确加工任务，能正确表述配合的种类。
 2. 能说出测量的量具名称及其测量精度和测量形式。
 3. 能根据给定的图纸，查找确定合适的 T 形槽铣刀。
 4. 能用钳工工具修配、打磨。

建议学时

 4 学时

学习过程

 按照规定从生产主管处领取生产任务单和图样并签字确认，完成如下项目。

 1. 阅读生产任务单，明确工作任务，完成以下表格和提问。

三根鲁班锁生产任务单

单   号：_____   开单时间：_____年___月___日

开单部门：_____   开 单 人：_____

接 单 人：_____部____组 签   名：_____

以下由开单人填写				
序号	产 品 名 称	材 料	数 量	技术标准、质量要求
1				按图样要求
任务细则	1. 到仓库领取相应材料。 2. 根据现场情况选取相应的工量具、设备。 3. 根据加工工艺进行加工，交付检验。 4. 填写生产任务单，清理工作场地，完成设备、工量具的维护保养。			
任 务 类 型	✓ 数控铣加工		完 成 工 时	

以下由接单人和确认方填写		
领取材料		仓库管理员（签名）
领取工量具		年　月　日
完成质量 （小组评价）		班组长（签名） 年　月　日
用户意见 （教师评价）		用户（签名） 年　月　日
改进措施 （反馈改良）		

注：生产任务单与零件图样、工艺卡一起领取。

 （1）根据生产任务单，明确零件名称、制造材料、零件数量和完成时间。

零件名称：_____   制造材料：_____

零件数量：_____   完成时间：_____

 （2）什么是平面铣？试举例说明平面加工常用的工艺。

 （3）你计划怎样安排时间来完成这个订单？

2. 参考如下图所示从步骤 a 到步骤 e 的三根鲁班锁装配示意图，识读三根鲁班锁的图纸，明确鲁班锁零件的加工要求，完成下列提问。

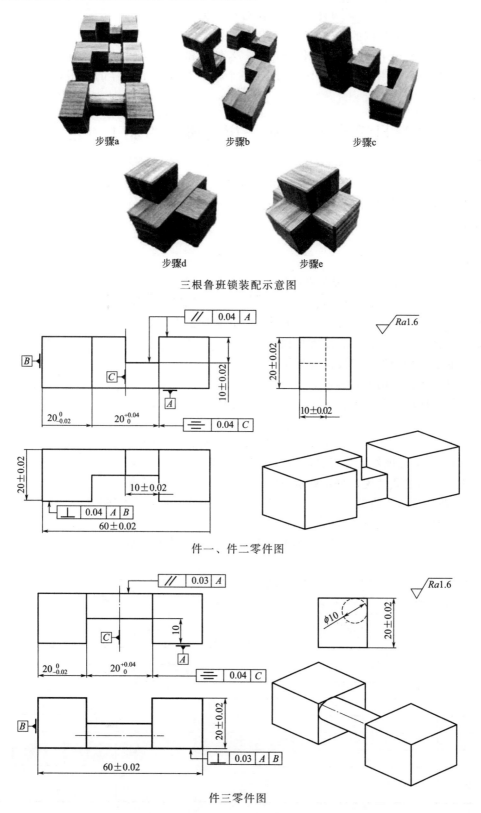

步骤a

步骤b

步骤c

步骤d

步骤e

三根鲁班锁装配示意图

件一、件二零件图

件三零件图

（1）公差符号 $\boxed{\equiv}$ $\boxed{0.04}$ $\boxed{C}$ 的含义是什么？基准 C 是什么？

（2）公差符号 $\boxed{\perp}$ $\boxed{0.04}$ $\boxed{A}$ $\boxed{B}$ 的含义是什么？基准 A 和基准 B 分别是什么？

（3）公差符号 $\boxed{/\!/}$ $\boxed{0.04}$ $\boxed{A}$ 的含义是什么？基准 A 是什么？

（4）加工件三能想到的方法有哪些？用数控铣床应该怎么加工？

（5）三根鲁班锁中件一和件二图纸一样，若件一和件二不一样，有没有其他图纸？

（6）收集资料，用 CAD 绘图软件设计一个件一和件二不一样的三根鲁班锁，绘制图纸，打印出图。

学习活动 2   制定三根鲁班锁的加工工艺

学习目标

1. 能通过小组讨论制定三根鲁班锁的加工工艺。

2. 能独立填写零件的加工工艺卡片。

建议学时

4 学时

学习过程

1. 分小组讨论，编制三根鲁班锁的加工工艺，完成以下任务。

（1）通过对三根鲁班锁的特征分析，讨论按图样加工时要保证的重点、难点。

（2）加工三根鲁班锁时需加工长方体毛坯，掌握长方体的加工工艺。

（3）工件上下平面的平行度怎样保证？

（4）底面与侧面的垂直度怎样保证？

（5）件一中间平面的对称度怎样保证？

（6）切削深度越大，切削力越大，工件的变形越大，分层加工凹槽，怎样编写加工程序？

（7）T 形槽铣刀专门加工凹槽，怎样选择 T 形槽铣刀的型号。

（8）通过以上分析，试讨论总结，初步确定三根鲁班锁的加工方案，并解释其合理性。

（9）以 PPT 或展示板等形式展示本小组所编制的工艺方案，并从合理性、科学性、经济性等方面进行必要解说，列出展示方案大纲和必要的解说词。

（10）听取其他小组的加工工艺方案后，你认为你们小组的方案还需不需要改进？如需要改进，试列出需要改进的地方。

2. 参考加工工艺图表，完成三根鲁班锁加工工艺卡片的填写。

数控加工工艺卡片

数控加工工序卡片					
产品名称或代号	零件名称		零件图号		
工艺序号	程序编号		夹具名称编号	使用设备	材料
工步	工步内容	刀具号	刀具名称规格	主轴转速	进给速度	背吃刀量	备注
编制		审核批准			共 页 第 页

加工工艺图表

件一(件二)加工工艺

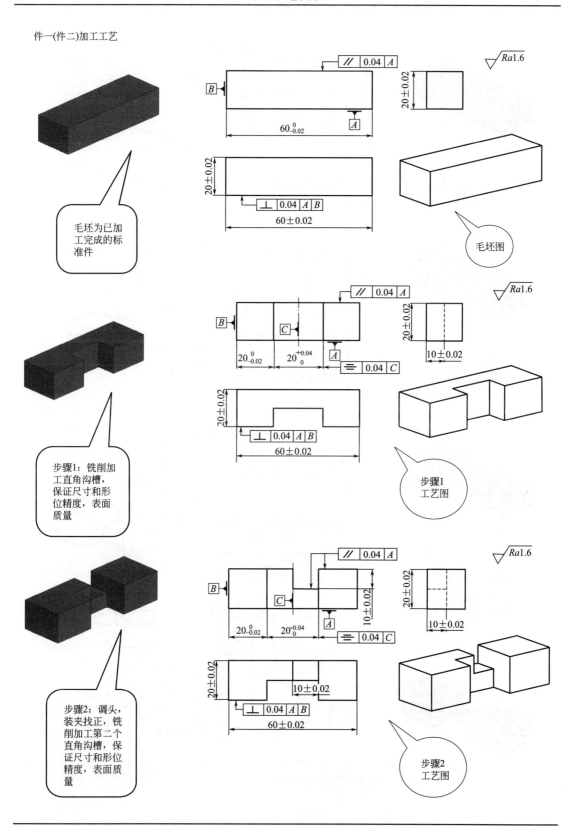

件三加工工艺

毛坯为已加工完成的标准件

$$60_{-0.02}^{0}$$

$$20 \pm 0.02$$

// 0.04 A

Ra1.6

毛坯图

B

A

⊥ 0.04 A B

$$60 \pm 0.02$$

$$20 \pm 0.02$$

步骤1：铣削加工直角沟槽，保证尺寸和形位精度，表面质量

// 0.04 A

Ra1.6

步骤1工艺图

B

C

A

≡ 0.04 C

$$20_{-0.02}^{0}$$

$$20_{0}^{+0.04}$$

$$10 \pm 0.02$$

$$20 \pm 0.02$$

⊥ 0.04 A B

$$60 \pm 0.02$$

$$20 \pm 0.02$$

步骤2：调头，装夹找正，铣削加工第二个直角沟槽，保证尺寸和形位精度，表面质量

// 0.04 A

Ra1.6

步骤2工艺图

B

C

A

≡ 0.04 C

$$20_{-0.02}^{0}$$

$$20_{0}^{+0.04}$$

$$20 \pm 0.02$$

⊥ 0.04 A B

$$60 \pm 0.02$$

$$20 \pm 0.02$$

T形槽铣刀铣加工ϕ10mm圆柱，注意刀柄干涉

// 0.03 A

步骤3工艺图

C

10

A

≡ 0.04 C

$$20_{-0.02}^{0}$$

$$20_{0}^{+0.04}$$

$$\phi 10$$

$$20 \pm 0.02$$

B

$$60 \pm 0.02$$

$$20 \pm 0.02$$

⊥ 0.03 A B

学习活动 3　制作三根鲁班锁并检测

学习目标

 1. 能准备好加工所需的工量具。

 2. 能正确使用杠杆百分表进行找正。

 3. 能正确选择 T 形槽铣刀。

 4. 能合理使用铣刀去除加工余量。

 5. 能编分层加工的加工程序。

 6. 能正确选择基准，对零件进行加工和检测。

 7. 能按照 6S 管理的要求清理现场。

建议学时

 8 学时

学习过程

 1. 领料。

 分小组从指导老师处领取毛坯并检查是否满足制作要求。

 2. 工量具、设备准备。

 （1）根据指定的工艺卡选择工量具、设备，并按清单准备工量具等。

分　类	名　　称	规格或型号	功　　能	数　　量
刀具夹具 及附件				
测量工具				
其他工具				

 （2）平面的校正常采用如下图所示杠杆百分表，说明杠杆百分表校正水平面和侧面的原理。

 （3）T 形槽铣刀专门加工凹槽，此工件可在数控铣床上用 T 形槽铣刀加工圆柱，T 形槽铣刀的选择应满足什么条件？下面图表为常见直柄 T 形槽铣刀参数。

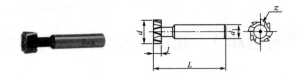

mm

基本尺寸	d	l	L	d_1	z	质量/kg
5	11	3.5	53.5			0.076
6	12.5	6	57	10	4	0.105
8	16	8	62			0.159
10	18	8	70	12		0.218
12	21	9	74			0.301
14	25	11	82		6	0.459
16	29	12.5	85	16		0.618
18	32	14	90			0.835
20	36	15.5	101			0.904
22	40	18	108	25	8	1.065
24	45	20	112			1.244
28	50	22	124			1.812
32	57	24	131	32	10	2.433
36	60	28	139			2.805

（4）结合本次任务的检验过程，试总结凹槽的加工工艺。

3. 按照指定的加工工艺方案，制作三根鲁班锁。

4. 成品最终检测。

（1）按下表检验三根鲁班锁是否合格。

考核项目	序号	考核要点	配分	评分标准	实测结果	扣分	得分
件一	1	10 ± 0.02	10	超差 0.01mm 扣 1 分，扣完为止			
	2	$20^{+0.04}_{0}$	10				
件二	3	10 ± 0.02	10				
	4	$20^{+0.04}_{0}$	10				
位置公差	5	⊜ 0.04 C	10				
	6	∥ 0.04 A	10				
	7	⊥ 0.04 A B	10				
零件配合	8	零件能顺利装配并能自锁	20	零件只能装配不能自锁不得分			
安全文明生产	9		10	根据现场记录记分			
总分（100 分）				实际得分：			

产品功能检测与问题分析：

完成人		检测员		小组长		复核员	

（2）验收合格后，填写生产任务单。

5. 清理现场、归置物品。

附：本教学活动使用量具图片

0～25mm
千分尺

0～150mm
带表游标
卡尺

千分尺结构
示意图

螺母

精密螺杆

锁紧装置

测量面

微分筒

固定套筒

千分尺结构简图

杠杆百分表

数控铣床杠杆
百分表打表找
正，保证工件
的平行度和垂
直度

学习活动 4   工作总结与评价

学习目标

　　能总结出通过本次加工所获得的工作经验。

建议学时

　　2 学时

学习过程

　　1. 分层次概要总结出你在本次任务实施过程中有哪些收获。

　　2. 完成本次任务后，你知道什么是 T 形槽铣刀并能正确使用了吗？

　　3. 制作一个 PPT 文件汇报展示你们小组的工作过程和收获，列出你的展示大纲。

　　4. 思考一下，学习本任务对今后掌握成形刀具加工方法的帮助。

评价与分析

课题小组组名				小组负责人			
小组成员姓名				班级			
课题名称				实施时间			
评价类别	评价内容	评价标准		配分	个人自评	小组评价	教师评价
学习准备	课前准备	笔记收集、整理、自主学习		5			
学习过程	信息收集	能收集有效的信息		5			
	图样分析	能根据项目要求分析图样		10			
	方案执行	以填写的卡片为准		35			
	问题探究	能在实践中发现问题，并用理论知识解释实践中的问题		10			
	文明生产	服从管理，遵守校规、校纪和安全操作规程		5			
学习拓展	知识迁移	能实现前后知识的迁移		5			
	应变能力	能举一反三，提出改进建议或方案		5			
	创新程度	有创新建议提出		5			
学习态度	主动程度	主动性强		5			
	合作意识	能与同伴团结协作		5			
	严谨细致	认真仔细，不出差错		5			
总计				100			
教师总评（成绩、不足及注意事项）							
综合评定等级（个人 30%，小组 30%，教师 40%）							

任课教师：＿＿＿＿＿＿　　　年　　月　　日

学习任务2
同心吊坠的制作

学习目标
1. 能用 CAD 软件绘制本任务样图，标注尺寸。
2. 能根据样图加工要求编制给定产品的加工工艺。
3. 能完成常见孔的铣削和钻削加工。

建议学时
16 学时

学习任务描述
数控铣工生产小组接到一批工艺品同心吊坠的制作订单，要求在 5 个工作日内制作完成。技术部门根据功能要求，设计出了同心吊坠图纸。现校实训中心把加工任务交给我班，要求根据图纸要求加工出合格的零件。

学习活动描述
学习活动 1　接受工作任务，明确工作要求
学习活动 2　制定同心吊坠的加工工艺
学习活动 3　制作同心吊坠并检验
学习活动 4　工作总结与评价

学习活动 1　接受工作任务，明确工作要求

学习目标
1. 能读懂生产任务单，明确加工任务。
2. 了解常用量具的测量精度和测量形式。
3. 能根据给定的条件完成一般孔的铣削加工。
4. 能用 CAD 软件绘制同心吊坠图样，并标注尺寸。

建议学时
4 学时

学习过程
按照规定从生产主管处领取生产任务单和图样并签字确认，完成如下项目。

1. 阅读生产任务单，明确工作任务，完成以下表格和提问。

同心吊坠生产任务单

单　　号：＿＿＿＿＿＿＿＿＿　　开单时间：＿＿＿年＿＿月＿＿日

开单部门：＿＿＿＿＿＿＿＿＿　　开 单 人：＿＿＿＿＿＿＿＿＿

接 单 人：＿＿＿＿部＿＿＿＿组　　签　　名：＿＿＿＿＿＿＿＿＿

以下由开单人填写				
序号	产 品 名 称	材　　料	数　量	技术标准、质量要求
1				按图样要求
任务细则		1. 到仓库领取相应材料。 2. 根据现场情况选取相应的工量具、设备。 3. 根据加工工艺进行加工，交付检验。 4. 填写生产任务单，清理工作场地，完成设备、工量具的维护保养。		

续表

任务类型	☑ 数控铣加工	完成工时	
以下由接单人和确认方填写			
领取材料		仓库管理员（签名）	
领取工量具			年　月　日
完成质量 （小组评价）		班组长（签名）	
			年　月　日
用户意见 （教师评价）		用户（签名）	
			年　月　日
改进措施 （反馈改良）			

注：生产任务单与零件图样、工艺卡一起领取。

（1）根据生产任务单，明确零件名称、制造材料、零件数量和完成时间。

零件名称：＿＿＿＿＿＿＿＿＿＿　　制造材料：＿＿＿＿＿＿＿＿＿＿

零件数量：＿＿＿＿＿＿＿＿＿＿　　完成时间：＿＿＿＿＿＿＿＿＿＿

（2）举例说明孔加工常用的工艺过程。

（3）你计划怎样安排时间来完成这个订单？

2. 识读如下图所示同心吊坠的图纸，明确加工要求，完成下列问题。

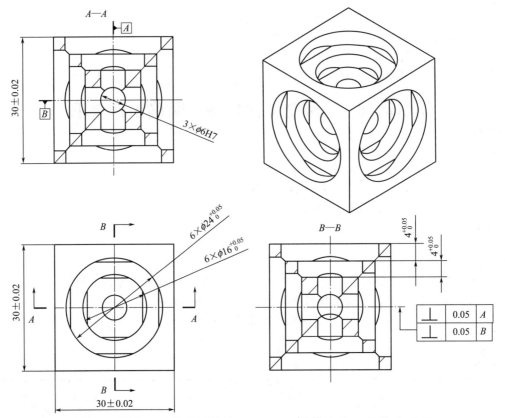

（1）本图中 $\phi 6H7$ 的孔上下偏差是多少？$6 \times \phi 24^{+0.05}_{0}$ 中的 6 是什么意思？

（2）公差符号 $\begin{array}{|c|c|c|} \hline \perp & 0.05 & A \\ \hline \perp & 0.05 & B \\ \hline \end{array}$ 的含义是什么？基准 A 和基准 B 分别是什么？

（3）什么是深孔？深孔加工应注意什么问题？

（4）铣刀铣孔的过程中，孔的加工质量通常会出现什么问题？铣削能不能加工高精度的孔？

（5）上图采用的是全剖视图的表达方法，用一张 A4 的纸，用半剖的方式将此零件进行绘制，要求能够准确表达内部结构。

（6）用相关 CAD 绘图软件设计一个类似的零件，并绘制图纸，进行打印。

学习活动 2　制定同心吊坠的加工工艺

学习目标

1. 能通过小组讨论制定同心吊坠配件的加工工艺。

2. 能独立填写零件的加工工艺卡片。

建议学时

2 学时

学习过程

1. 分小组讨论，编制同心吊坠的加工工艺，完成如下任务。

（1）通过对同心吊坠的特征分析，说出按图样加工时工艺上要注意的重点、难点。

（2）加工同心吊坠时需加工正六面体，了解正六面体的加工工艺。

（3）3 个 ϕ6H7 的小孔怎样才能保证尺寸精度？

（4）零件中心孔的垂直度公差怎样保证？

（5）高速钢铣刀铣沉孔，孔的形状精度会有什么特点？

（6）若采用螺旋式下刀加工内孔，应怎样编写加工程序？

（7）360°全圆铣削编程要注意什么问题？

（8）通过以上分析，试讨论总结，初步确定同心吊坠的加工方案，并解释其合理性。

（9）以 PPT 或展示板等形式展示本小组所编制的工艺方案，并从合理性、科学性、经济性等方面进行必要解说，列出展示方案大纲和必要的解说词。

（10）听取其他小组的加工工艺方案后，你认为你们小组的方案还需不需要改进？如需要改进，试列出需要改进的地方。

2. 完成同心吊坠加工工艺卡片的填写。

数控加工工艺卡片

数控加工工序卡片					
产品名称或代号	零件名称	零件图号			
工艺序号	程序编号	夹具名称编号	使用设备		材料
工步	工步内容	刀具号	刀具名称规格	主轴转速	进给速度	背吃刀量	备注
编制		审核批准			共　　　页 第　　　页

学习活动 3　制作同心吊坠并检验

学习目标

1. 能准备好加工所需的工量具。
2. 能正确使用杠杆百分表进行找正。
3. 能正确使用小钻头和铰刀。
4. 能合理使用铣刀去除加工余量。
5. 能编制沉孔的加工程序。
6. 能正确选择基准，对零件进行加工和检测。
7. 能按照 6S 管理的要求清理现场。

建议学时

8 学时

学习过程

1. 领料。

分小组从指导老师处领取毛坯并检查是否满足制作要求。

2. 工量具、设备准备。

（1）根据指定的工艺卡选择工量具、设备，并按清单准备工量具等。

分类	名　称	规格或型号	功　能	数　量
刀具夹具及附件				
测量工具				
其他工具				

（2）检查孔常采用通规和止规，说明通规和止规的测量原理。

（3）同心吊坠 3 个 $\phi 6H7$ 孔中心轴线的垂直度如何检测，有没有相关设备？

（4）结合本次任务的检验过程，试总结孔的加工工艺对孔的精度保证的重要性。

3. 按照指定的加工工艺方案，制作同心吊坠。

4. 成品最终检测。

（1）按下表检验同心吊坠是否合格。

考核项目	序号	考核要点	配分	评分标准	实测结果	扣分	得分
形位公差	1	$6 \times \phi 24^{+0.05}_{0}$	12	超差 0.01mm 扣 1 分，扣完为止			
	2	$6 \times \phi 16^{+0.05}_{0}$	12				
	3	$6 \times \phi 4^{+0.05}_{0}$	12				
	4	$4^{+0.05}_{0}$	12				
	5	$3 \times \phi 6H7$	12				
	6	⊥ 0.05 _A_ / ⊥ 0.05 _B_	20				

续表

考核项目	序号	考核要点	配分	评分标准	实测结果	扣分	得分
零件轮廓	7	零件完整	10	加工表面的尺寸公差在±1mm 内给分			
安全文明生产	8		10	根据现场记录记分			
总分(100 分)				实际得分：			

产品功能检测与问题分析：

完成人		检测员		小组长		复核员	

（2）验收合格后，填写生产任务单。

5.清理现场、归置物品。

学习活动 4　工作总结与评价

学习目标

能总结出通过本次加工所获得的工作经验。

建议学时

2 学时

学习过程

1. 分层次概要总结出你在本次任务实施过程中有哪些收获。

2. 完成本次任务后，你知道什么是沉孔铣削和深孔加工了吗？沉孔铣削和深孔加工要注意哪些地方？

3. 制作一个 PPT 文件汇报展示你们小组的工作过程和收获，列出你的展示大纲。

4. 思考一下，学习本任务对今后有哪些帮助？

评价与分析

课题小组组名				小组负责人		
小组成员姓名				班级		
课题名称				实施时间		
评价类别	评价内容	评价标准	配分	个人自评	小组评价	教师评价
学习准备	课前准备	笔记收集、整理、自主学习	5			
学习过程	信息收集	能收集有效的信息	5			
	图样分析	能根据项目要求分析图样	10			
	方案执行	以填写的卡片为准	35			
	问题探究	能在实践中发现问题，并用理论知识解释实践中的问题	10			
	文明生产	服从管理，遵守校规、校纪和安全操作规程	5			
学习拓展	知识迁移	能实现前后知识的迁移	5			
	应变能力	能举一反三，提出改进建议或方案	5			
	创新程度	有创新建议提出	5			
学习态度	主动程度	主动性强	5			
	合作意识	能与同伴团结协作	5			
	严谨细致	认真仔细，不出差错	5			
总计			100			
教师总评 （成绩、不足及注意事项）						
综合评定等级（个人 30％，小组 30％，教师 40％）						

任课教师：＿＿＿＿＿＿　　　年　　月　　日

编程加工练习题

习题一　有如下图所示的零件需要加工，毛坯为 32mm×32mm×32mm 的 45 钢料，编写加工程序，完成加工。

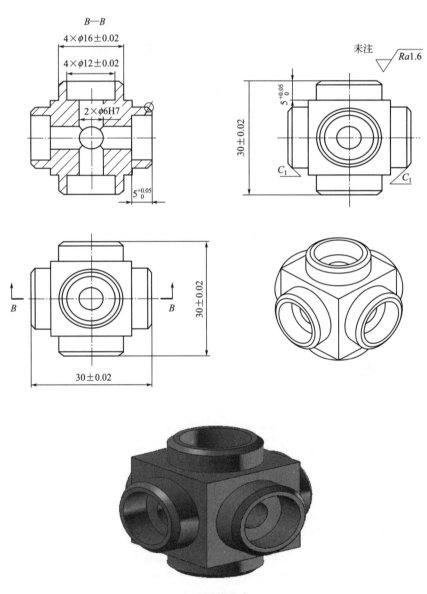

六面圆柱凸台

习题二　有如下图所示的零件需要加工，毛坯为 45 钢棒料，编写加工程序，完成加工。

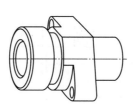

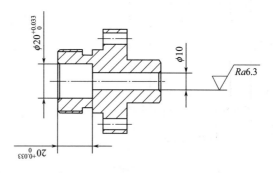

技术要求：
1.不允许用锉刀砂布砂光加工表面。
2.未注公差按GB/T 1804—2000f级。
3.锐边倒钝C0.2。
4.未注倒角C1。

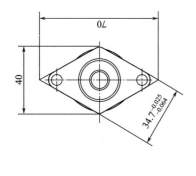

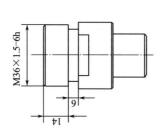

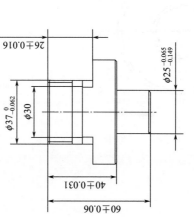

习题三　有如下图所示的零件需要加工，毛坯为 45 钢棒料，编写加工程序，完成加工。

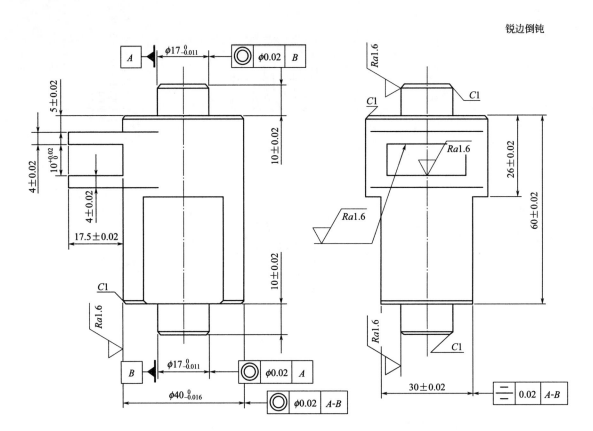

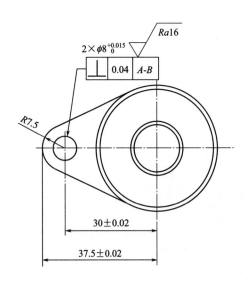

技术要求：

1.不允许用锉刀砂布抛光加工表面。

2.未注公差按GB/T 1804—2000f级。

习题四　有如下图所示的零件需要加工，毛坯为 45 钢棒料，编写加工程序，完成加工。

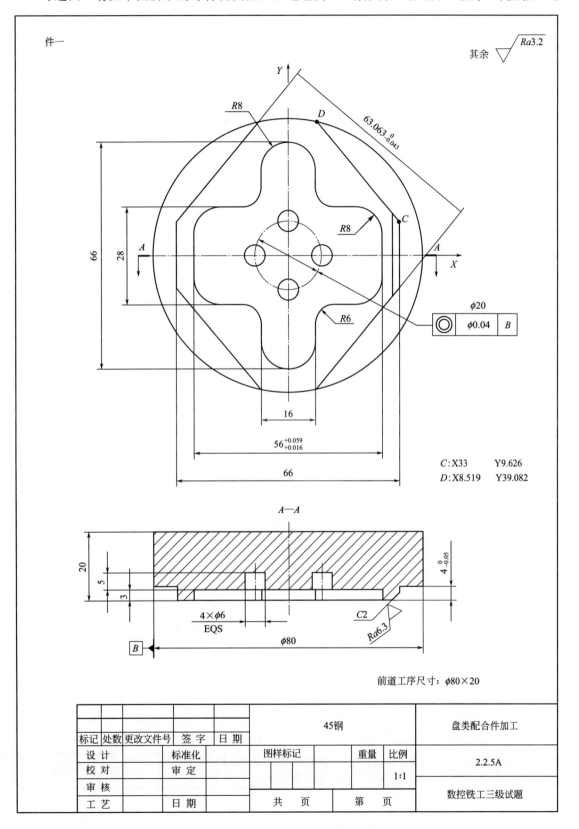

件一

其余 $\sqrt{Ra3.2}$

C: X33　　Y9.626
D: X8.519　Y39.082

$A—A$

前道工序尺寸：$\phi80\times20$

标记	处数	更改文件号	签 字	日 期		45钢			盘类配合件加工
设 计		标准化			图样标记		重量	比例	2.2.5A
校 对		审 定						1:1	
审 核									数控铣工三级试题
工 艺		日 期			共　页		第　页		

件二

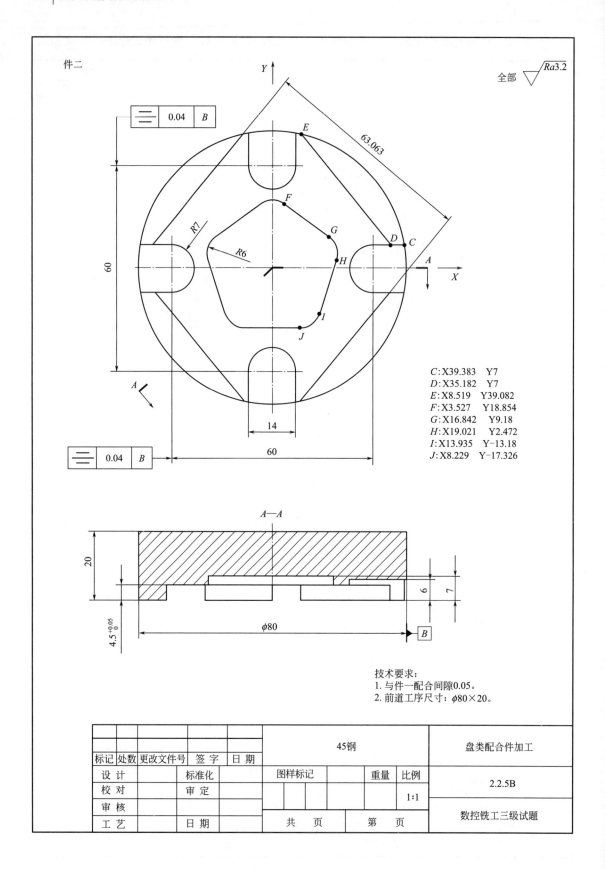

C: X39.383　Y7
D: X35.182　Y7
E: X8.519　Y39.082
F: X3.527　Y18.854
G: X16.842　Y9.18
H: X19.021　Y2.472
I: X13.935　Y-13.18
J: X8.229　Y-17.326

技术要求:
1. 与件一配合间隙0.05。
2. 前道工序尺寸: φ80×20。

标记	处数	更改文件号	签字	日期	45钢			盘类配合件加工
设计		标准化			图样标记	重量	比例	2.2.5B
校对		审定						
审核							1:1	
工艺		日期			共　页	第　页		数控铣工三级试题

习题五　有如下图所示的零件需要加工，毛坯为 45 钢，编写加工程序，完成加工。

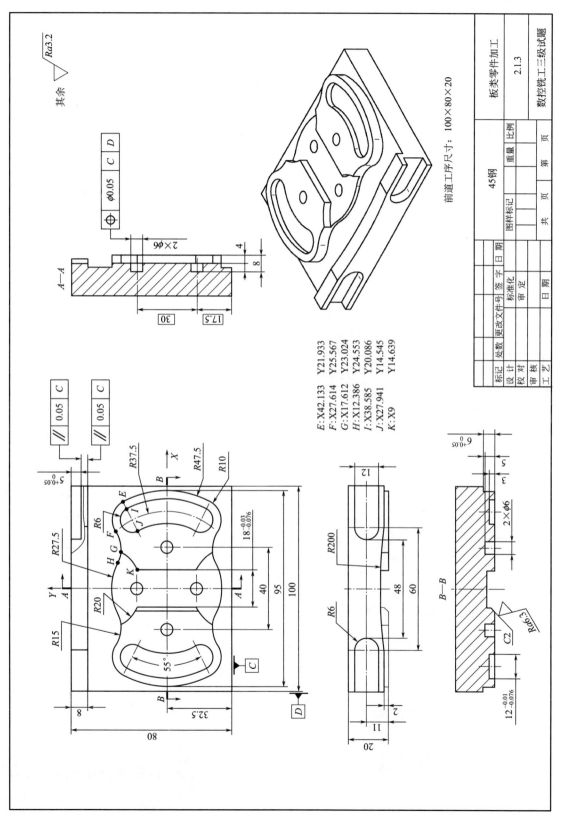

E:X42.133　Y21.933
F:X27.614　Y25.567
G:X17.612　Y23.024
H:X12.386　Y24.553
I:X38.585　Y20.086
J:X27.941　Y14.545
K:X9　Y14.639

前道工序尺寸：100×80×20

板类零件加工		2.1.3
45钢	重量	比例
	第	页
	共	页

数控铣工三级试题

其余 √Ra3.2

习题六　有如下图所示的零件需要加工，毛坯为 2A12 铝合金，编写加工程序，完成加工。

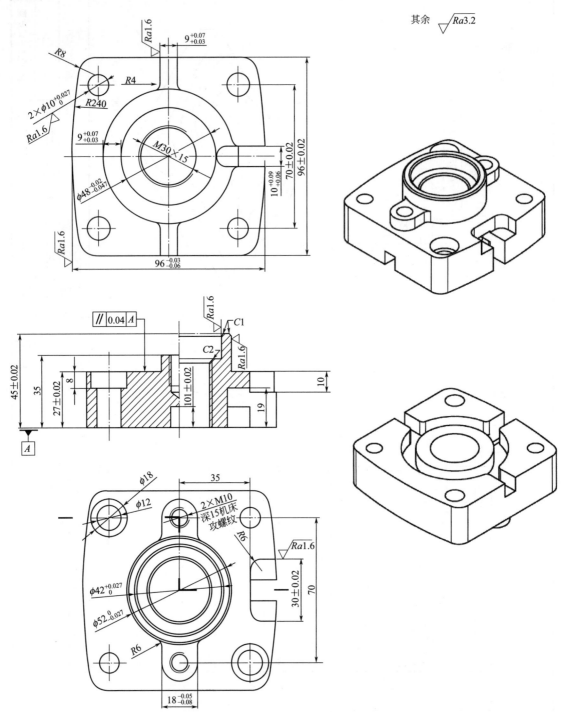

技术要求：
1. 不允许用砂布及锉刀修饰表面(可清理毛刺)。
2. 未注倒角0.5。
3. 未注公差IT12。

习题七 有如下图所示的零件需要加工，毛坯为 45 钢材料，编写加工程序，完成加工。

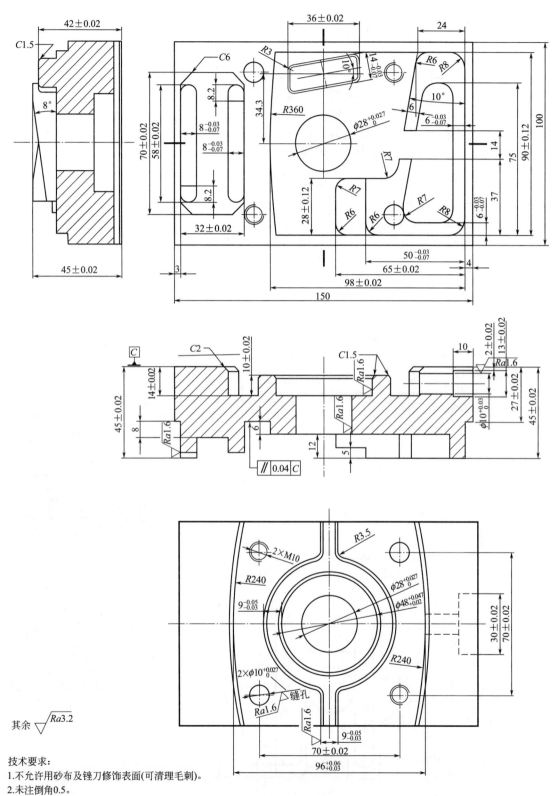

其余 $\sqrt{Ra3.2}$

技术要求：
1.不允许用砂布及锉刀修饰表面(可清理毛刺)。
2.未注倒角0.5。
3.未注公差IT12。

习题八　有如下图所示的零件需要加工，毛坯为 2A12 铝合金，编写加工程序，完成加工。

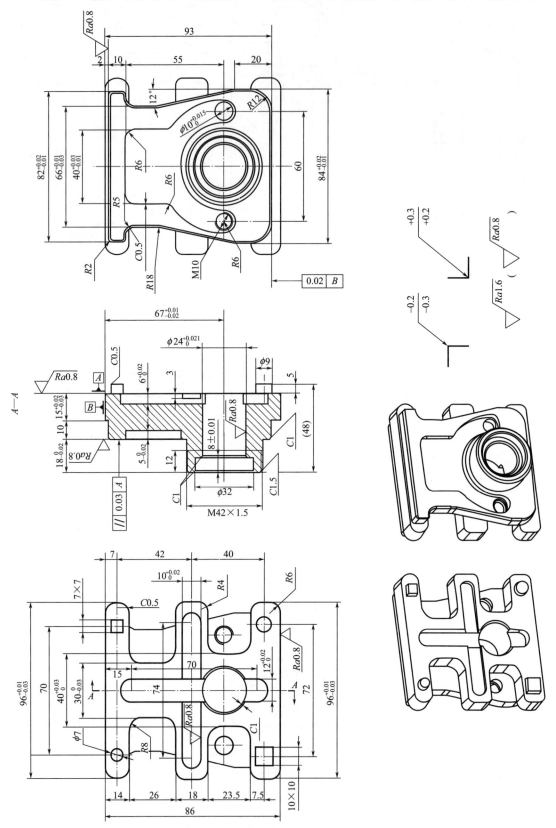

习题九　有如下图所示的零件需要加工，毛坯为 45 钢材料，编写加工程序，完成加工。

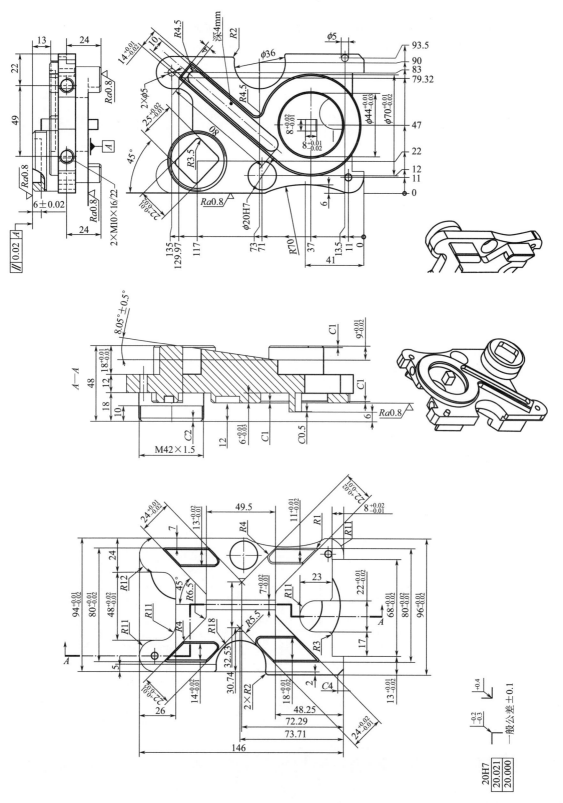

参 考 文 献

[1] 昝华，陈伟华.SINUMERIK 828D 铣削操作与编程轻松进阶.北京：机械工业出版社，2013.

[2] 徐衡.跟我学 FANUC 数控系统手工编程.北京：化学工业出版社，2013.